近10年来全球强震前后的
多种地球物理异常

张学民　申旭辉　包为民　荆　凤　著

地震出版社
Seismological Press

图书在版编目（CIP）数据

近10年来全球强震前后的多种地球物理异常 / 张学
民等著. —北京：地震出版社，2021.12

　ISBN 978-7-5028-5351-8

　Ⅰ.①近…　Ⅱ.①张…　Ⅲ.①强震—地震前兆—研究
Ⅳ.①P315.72

　中国版本图书馆CIP数据核字（2021）第230857号

地震版　XM4662 / P（6174）

近10年来全球强震前后的多种地球物理异常

张学民　申旭辉　包为民　荆凤　著
责任编辑：范静泊
责任校对：凌　樱

出版发行：地震出版社

　　　　　北京市海淀区民族大学南路 9 号　　　　　邮编：100081

　　　　　发行部：68423031　68467991　　　　　传真：68467991

　　　　　总编室：68462709　68423029

　　　　　编辑四部：68467963

　　　　　http://www.seismologicalpress.com

　　　　　E-mail: zqbj68426052@163.com

经销：全国各地新华书店

印刷：河北文盛印刷有限公司

版（印）次：2021 年 12 月第一版　　2021 年 12 月第一次印刷

开本：787×1092　1/16

字数：170 千字

印张：9.25

书号：ISBN 978-7-5028-5351-8

定价：60.00 元

前　言

　　地震是威胁人类生命和经济可持续发展的重要自然灾害之一，2004 年以来全球先后发生多次破坏性大地震，如 2004 年印尼苏门答腊 9.0 地震、2008 年中国汶川 8.0 级地震、2010 年智利 8.8 级地震、2011 年日本 9.0 级地震等，地震本身及海域地震后续引发的海啸造成了灾难性的人员伤亡和经济损失。当前，全球处于经济快速发展时期，对地震预测预警系统的发展提出了强烈的需求。但由于大震长周期性的孕育特点，以及地球的不可入性，地基观测技术受到严重制约，使得科学家对于震例积累严重不足，对于地震的认知水平受到限制。空间探测技术的出现可以较好地弥补地面观测空间分布的不足，为全球震例研究提供了更多的机会，成为近 20 年来全球关注的重点研究领域。

　　空间探测技术尤其是卫星探测技术的发展，为地震立体监测系统建设及圈层耦合机理研究提供了新的技术途径，其中卫星地球物理场探测技术的快速发展，为地震在不同圈层的响应探测提供了高覆盖率、高分辨率的天基平台，并在地震短临监测中显示出强大的应用潜力。越来越多的震例研究证明，地震孕育发展过程的不同阶段，异常信号在岩石圈、大气层、电离层会形成逐渐汇聚的时空效应，多地球物理场综合分析将为解析地震过程提供更丰富的资料，为解剖地震提供更宽广的视角。但是由于不同参量所蕴含的物理性质差异性较大，综合分析中仍存在诸多关键技术和科学难题需要深入探索，如何更好地利用这些观测资料为地震监测预测服务是目前亟待解决的关键科学问题。

　　本书是对应用于地震研究空间探测技术的一次系统总结，在探索多地球物理场、地球化学场以及圈层耦合机理理论方面具有较好的创新性。全书共分为 5 章，第 1 章简要介绍了地震卫星探测以及圈层耦合发展现状；第 2 章详细描述了各种空间探测技术，包括 GPS、InSAR、SAR、重力、热红外、高光谱气体、电离层电磁等，并对不同探测技术的原理和观测参量进行了论述；第 3 章分别针对全球强震震例和不同参量的地震统计分析展开了论述，介绍了相同地震前不同参量的时空演化关系，以及不同地震前同一参量的响应特征；第 4 章主要针对地震电离层圈层耦合机理开展了研究，分别陈述了 VLF 电波传播耦合过程及各影响因子对耦合模型的贡献，利用附加直流电场模型分析了第 3 章中几次大地震前的电离层异常特征,对模型的可靠性进行了有效校验;第 5 章主要介绍了 2018 年中国发射的电磁监测试验卫星 CSES(也称为张衡一号)的有效探测参数,及其初步地震监测成果和未来的发展计划,对卫星空间星座组成提出了展望;第 6 章针对空间地球物理场探测技术对地震监测预测研究的未来发展趋势进行了规划。

本书第 1 章由张学民撰写;第 2 章由田云峰、洪顺英、周新、吴立新、荆凤、杜建国、崔月菊、刘静、泽仁志玛、欧阳新艳、张学民撰写;第 3 章由荆凤、洪顺英、刘静、泽仁志玛、欧阳新艳、吴立新、秦凯、张学民撰写;第 4 章由周晨、赵庶凡撰写;第 5 章由张学民、刘静、黄建平撰写;第 6 章由申旭辉、张学民撰写;全书由张学民、荆凤统稿。国内外专家包括 Dimitar Ouzounov、Katsumi Hattori、Michel Parrot、Piergiorgio Picozza、Sergey Pulinets、Yuri Ruzhin、Valerio Tramutoli、刘正彦教授、曹晋滨教授、杜建国研究员、周晨教授、贺黎明教授等均对本书的架构和各章节内容进行了审核,研究生董磊、张璐参与了书稿的校对工作。

本书得到了国际宇航学会(IAA)的大力支持与中国地震电磁卫星数据应用中心的协助和国家重点研发计划项目"地球物理探测卫星数据分析处理技术与地震预测应用研究"的资助,衷心感谢中国航天科技集团包为民院士、张衡一号卫星工程总设计师江帆研究员和 IAA 中方管理人员王林博士等对项目团队给予的关注和大力支持。本书由中国地震局地震预测研究所和中国地震局地壳应力研究所(现更名为应急管理部国家自然灾害防治研究院)两个研究团队集体完成,衷心感谢所有科研人员的辛勤付出。

本书综合介绍了目前各种空间探测技术及其在地震领域的初步应用成果,希望新的空间探测技术能为地震科学研究提供新的思路,为解剖地震提供更充分完善的视角。地震孕育是一个极为复杂的过程,地球各圈层既参与其中,又可能存在相互触发的因素,鉴于书中涉及的探测技术和物理参数较多,笔者对各参量的关联性认知水平有限,疏漏之处在所难免,敬请读者批评指正。

张学民

2021 年 12 月于北京

第 1 章　引言

1.1　地震卫星探测发展现状

　　地震是威胁人类生命安全的自然灾害之一，近年来全球各地强震频发，人们对于地震科学研究的呼声和期望日益增长。自 2000 年以来，全球多次发生灾难性强震，如 2004 年印度尼西亚 9.1 级地震，2008 年汶川 8.0 级地震，2010 年海地 7.0 级地震、智利 8.8 级地震，2011 年日本 9.1 级地震等，地震灾害本身及紧随其后的海啸、山体滑坡等均造成巨大的人员伤亡和财产损失。中国作为内陆性地震多发地深受其害，统计表明，世界上约 35% 的 7 级以上大陆地震发生在中国，20 世纪全球因地震死亡的 120 万人中，中国占 59 万。因此，积极开展防震减灾工作，最大限度地减轻地震灾害一直是中国的基本国策之一。

　　地球是一个复杂的运行系统，除了其内部结构清晰的内外核、地幔、地壳多层系统外，围绕地球也发展了大气层、电离层、磁层等多层结构。作为太阳系中的重要一环，地球系统与太阳活动密切相关，而且由于地球的磁性结构特征，其与太阳之间的电磁耦合作用也最为突出。作为地震孕育发生的主要层位——岩石圈，由于地球的长期地质演化过程，板块 / 块体接触面复杂，在上下、平行不均匀结构中，地震是这个复杂运行系统中的一个爆发点。由于地球内部的不可入性及孕震过程的复杂性，地震预测目前仍是一个世界性的科学难题。无论是国外以理论模型发展为核心的预测模式，还是中国以经验预测为主的模式，均由于强震发生的低概率及其长达数千年的重复周期受到窒碍，使得地震预测模型较难检测和评估。但任何模型的发展，都离不开对地球多系统圈层的地球物理场探测技术的更新和多源数据的支撑。

　　空间探测技术的飞速发展为全方位连续获取地球物理场及其变化提供了技术保障，同时卫星探测因其广泛的覆盖区域极大地突破了地基探测的地域限制，为地震监测应用打开了新窗口、开辟了新途径，使之成为地震科学研究领域的重要组成部分。其中应用比较广泛的包括用于地表形变测量的 GNSS、雷达卫星，用于地球磁场测量的电磁类卫星，用于地球重力梯度测量的重力卫星，用于地表辐射场探测的红外卫星和用于大气监测的高光谱气体探测卫星等，这些卫星数据为全面获得地球圈层结构、地球内部介质性质及分层结构、地表变形以及电磁、地球化学类辐射信息提供了技术支撑，不断更新的全球数据源也同时拓展了人类对地球系统和地震孕育发生过程的认知。

1.2 地震圈层耦合机理及立体监测

随着空间探测技术的增强，地震探测技术也逐渐向三维立体化及地球近地空间发展，地震孕育过程中的圈层耦合理论模型也在逐渐成型，当前国际上比较认可的岩石层 – 大气层 – 电离层耦合途径主要有三条（Hayakawa et al., 2004），分别为地球化学（电场相关）耦合途径、声重波途径和电磁辐射途径。地球化学耦合途径起源于近震中区的气体释放（以氡为主），进而改变大气浓度，造成电荷电离在大气层中形成局地性电场异常，耦合至电离层后引起电子 / 离子漂移；声重力波来自地表热源，扰动大气形成声重力波，传播至电离层形成电子、离子等的振荡；由于岩石层对高频电磁波的强烈吸收作用，认为只有 ULF 频段的电磁波可以辐射出地表，并传播至电离层乃至磁层，进而引起粒子沉降及电子密度扰动。科学家们在利用各种各样的手段不断验证和完善圈层耦合理论，试图找到更契合实际观测的机理模型（Pulinets et al., 2011），而越来越多的空间探测技术被应用于三维立体监测体系的构建和模型约束（张学民等，2020）。2018 年，我国第一颗电磁监测试验卫星成功发射入轨，使我国成为国际上少数几个具有空间地球物理场探测卫星的国家之一；2021 年，中国空间站太空舱也在紧锣密鼓的建设中，其是立体探测中空间平台不可或缺的元素，同时配合我国长期建设的地面前兆观测网络，使我国成为最有可能形成地震立体监测实践的国家。

1.3 本书研究焦点

目前本研究领域存在的问题主要有：

（1）地震监测预报理论预测很不成熟，目前仍处于经验阶段，全球强震震例回顾总结非常必要；

（2）孕震过程非常复杂，在地震孕育的不同阶段，前兆异常也会表现在不同的参量上，因此不同参量在不同阶段会发挥各自的作用，综合研究势在必行；

（3）空间探测卫星研制周期长、在轨时间短，且轨道设计根据不同探测目标有较大差异，用于地震研究的时段和数据源都严重不足。我国目前已经发射了电磁监测试验卫星，未来 10 年内还将陆续发射电磁卫星后续星、重力星，同时有高分系列遥感卫星和气象系列卫星等的配合，将为该研究贡献更多观测资料，为更好地指导卫星探测及其未来应用奠定基础。

针对这些不足，本书从现有的空间观测技术出发，充分利用全球近 10 年来的空间卫星资源，针对全球 7 级以上强震，尤其是影响较大、观测比较全面的震例，尽可能多地获取到围绕地震孕育过程的地球物理和地球化学资料，搭建围绕震例的多维度观测体系，形成相对比较完整的震例总结结果。同时发展地震多圈层耦合机理模型，解析不同地震孕育阶段与敏感参量的对应情况，相互校验，为多参量地震扰动分析提供理论支撑。本书内容的主要特点表现在：

（1）多地球物理场：综合地球电磁场、重力场、地表形变场、地表热辐射等多种地球物理场，研究不同场在地震孕育发生过程中出现的介质物性变迁，探讨不同地球物理场之间的异同，以场求源，以场溯源，利用不同物理场的变化特性探索孕震及发震的动力学过程。

（2）多参量：综合卫星探测获得的地表应力应变、地表热辐射、高光谱气体、不同高度电磁场、卫星高度等离子体参量原位测量等多种参量，研究获得不同参量的时空分布特征，搭建地震孕育阶段各参量演化构架，探讨多参量之间的时空关联性质，为进一步研究多地球物理场之间的耦合机理提供科学约束。

（3）多空间维度：综合各类卫星观测和多维量的分析结果，可以获得该震源区自地下几百千米范围岩石圈至空间 1000km 范围内不同高度、不同参量的演化特征，如地下岩石的物理性质、地表的地球物理场和地球化学场、大气层的物理响应及电响应以及电离层的电磁场等，获得多维的地震空间演化过程（图 1-1）。

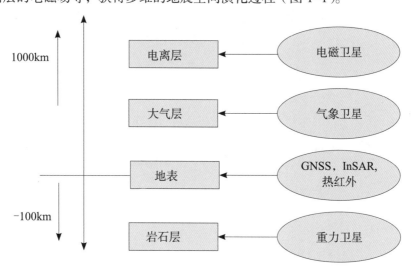

图 1-1　多地球物理场探测卫星及其空间维度关系

第 2 章　观测与分析技术

2.1　地表形变观测

2.1.1　GNSS 形变观测技术

GNSS（Global Navigation Satellite System）是基于一系列卫星对目标进行定位的技术，最早被应用于军事目标的导航或定位，后逐渐开放于民用，现已被广泛应用于高精度的形变监测，静态定位绝对精度可达 mm 级，在全球板块运动、断裂活动、地震形变场探测等领域展现出卓越的能力。

GNSS 的空间部分为围绕地球运行的卫星群（表 2-1）。世界上第一个完备的 GNSS 是美国的 Navstar GPS（Global Positioning System），经过硬件、信号等的升级，GPS 目前仍是应用最广泛的 GNSS 系统。此外，俄罗斯（及前苏联）开发的 GLONASS 系统已建设完成，欧盟（欧洲）开发的伽利略系统（Galileo）和中国开发的北斗系统正在完善，均预计在 2020 年前完成全球组网。

美国的 Navstar GPS 系统（http://www.gps.gov/）自 1973 年开始实施，到 1995 年建成，设计至少包含 24 颗卫星，平均分布在 6 个 MEO（Medium Earth Orbit）轨道平面上，每个轨道分布 4 颗卫星，轨道倾角为 55°，轨道高度为 20,180km，能够保证全球任意地方可同时被 4 颗卫星的信号覆盖。早期的 GPS 卫星能够发射 L1 和 L2 两个频率的载波，其中 L1 上调制了 C/A 码和加密的 P 码，L2 上仅有 P 码。在 GPS 现代化计划中，IIR-M 及其后的卫星上的 L2 频率增加了一个民用码 L2C，与 L1 C/A 一起可用于电离层改正，提高民用定位的精度，首个搭载 L2C 信号的卫星是 2005 年发射的 IIR（M）卫星。另外，新增了一个频率为 1176.45MHz 的载波，即 L5，最早搭载在 2010 年发射的 IIF 卫星上。此外，计划新增 L4（1379.913MHz）频率用于增强电离层改正研究。

GLONASS 是由俄罗斯（及前苏联）开发的另外一个可与美国的 GPS 系统媲美的 GNSS 系统（https://glonass-iac.ru/）。2011 年 10 月，GLONASS 再次完成了全部 24 颗卫星的部署，截至 2017 年 1 月，GLONASS 系统共有 27 颗卫星在轨，其中 24 颗正常服役，1 颗备用星，另外 2 颗处于维修或测试状态。卫星轨道为 MEO（Middle Earth Orbit），共有 3 个轨道平面，每个轨道上分布着 8 颗卫星，轨道高度约 19,130km，轨道倾角 64.8°，运行周期 11h16min。GLONASS 的信号发射采用 FDMA（Frequency Division Multiple Access）方式，L1 波段的中心频率为 1602.0MHz，L2 波段的中心频率为 1246MHz，今后 GLONASS 卫星也将采用 CDMA（Code Division Multiple Access）模式。

Galileo 系统是欧洲独立发展的全球导航卫星系统，提供高精度、高可靠性的定位服务（https://www.gsc-europa.eu/）。Galileo 系统由 30 颗卫星组成，其中 27 颗工作星、3 颗备份星。卫星分布在 3 个中地球轨道（MEO）上，轨道高度为 23,222km，轨道倾角为 56°，轨道面间夹角为 120°，轨道周期为 14h5min，地面轨迹重复周期为 10 天，每个轨道上部署 9 颗工作星和 1 颗备份星，在大部分地区至少有 6 ~ 8 颗卫星同时可见。第一颗正式服役的卫星于 2011 年 10 月 21 日发射，截至 2017 年 1 月，有 18 颗在轨卫星，其中 11 颗正常服役，2 颗在进行测试，4 颗试运行，1 颗暂时不可用。该系统于 2016 年 12 月 15 日开始提供早期服役能力 Early Operational Capability (EOC)，计划于 2019 年提供完全服务能力 Full Operational Capability (FOC)，于 2020 年建成由 30 颗卫星组成的完整系统。

表 2-1 各 GNSS 系统的空间部分

国家或地区		GPS 美国	GLONASS 俄罗斯（原苏联）	北斗 中国	Galileo 欧盟
信号模式		CDMA	FDMA	CDMA	CDMA
轨道高度（km）		20,180	19,130	21,500	23,222
轨道周期		11h58min	11h16min	12h38min	14h5min
卫星数量（颗）	设计	24	24	5+27+3	30
	在轨	31	27	22	18
载波频率（MHz）		1575.42（L1）	~ 1602（L1）	1561.098（B1）	1164 ~ 1215（E5）
		1227.60（L2）	~ 1246（L2）	1207.14 （B2）	1260 ~ 1300（E6）
		1176.45（L5）		1268.52 （B3）	1559 ~ 1592（E2）
测距码		L1 C/A、L1P、L2P、L2C、L5	L1OF/L2OF L1SF/L2SF	C、P	L1P、L1F、E5a、E5b、E6C、E6P 等

中国自主建设的北斗系统（http://www.chinabeidou.gov.cn/）已完成区域卫星网络的建设，在未来几年也将建成为覆盖全球的 GNSS 网络，卫星系统设计包括 5 颗静止轨道卫星和 30 颗非静止轨道卫星（27 颗 MEO 卫星和 3 颗 IGSO（Inclined

Geosynchronous Orbit）卫星）。MEO 卫星轨道高度为 21,500km，轨道倾角为 55°，均匀分布在 3 个轨道面上。IGSO 卫星轨道高度为 36,000km，均匀分布在 3 个倾斜同步轨道面上。2012 年 12 月北斗系统已开始为亚太地区（55°E ~ 180°E，55°S ~ 55°N）提供服务，2020 年 6 月，建成由 3 颗静止轨道卫星、3 颗倾斜地球同步轨道卫星和 27 颗中圆轨道卫星组成的全球卫星导航系统。北斗卫星发射 3 个载波频率：B1（1561.098 MHz），B2（1207.140 MHz），B3（1268.520 MHz），其上调制有普通测距码（C 码）和精密测距码（P 码）。

除上述全球性 GNSS 系统外，还存在几个区域 GNSS 系统，例如日本的准天顶系统（QZSS）和印度的太空卫星导航系统（IRNSS）。

为了监测全球板块运动及大型活动断裂带的现今运动，目前在全球大部分活跃的地震带上已建立起了 GNSS 观测网络，在地震危险性预测、地震破裂过程、孕震机理等研究领域发挥了重要作用，主要的 GNSS 地壳运动监测网络有：

全球 IGS（International GNSS Service）网络（http://www.igs.org/）：由全球各区域网络中的部分核心站组成，主要用于提供全球统一的坐标参考框架，研究全球尺度的板块活动等地球物理过程，目前包含 500 余个分布于全球的台站。

中国大陆构造环境监测网络（http://neiscn.org/）：简称"陆态网络"，第 I 期自 1999 年开始运行，包含 25 个连续运行的 GNSS 基准站和 1000 余个不定期观测的区域站（其中 56 个每年复测一次），区域站已进行了多次观测（1999、2001、2004、2007、2009 年）。自 2010 年底，陆态网络 II 期开始运行，包含 260 个连续运行的 GNSS 基准站，并新建了 1000 余个区域站，区域站于 2011、2013、2015 年进行了观测。

美国 PBO（Plate Boundary Observatory）网络（http://www.unavco.org/）：主要覆盖美国西部、阿拉斯加等地，部分台站由原 SCIGN（Southern California Integrated GPS Network）等网络的连续站升级而来，自 2005 年开始建设，目前已成为总数约 1100 个台站的密集 GNSS 连续观测网络，部分台站提供高频实时数据，所有数据免费向公众开放。

欧洲的 EUREF（European Reference Frame）网络（http://www.euref.eu/）：目前包含 300 余个 GNSS 连续站（http://www.epncb.oma.be），主要覆盖欧洲大陆及岛屿。

日本的 GEONET（GNSS Earth Observation Network），约有 1200 个连续 GNSS 台站，覆盖日本各岛。

新西兰 GeoNet 网络（http://www.geonet.org.nz/）：包含 240 余个连续 GNSS 台站，主要覆盖新西兰北岛和南岛。

此外，在南美洲、非洲、加勒比海等地区，为了研究区域构造运动，也建立了较密集的 GNSS 连续观测网络。

连续 GNSS 的静态（>6 小时）定位绝对精度水平分量可达 1 ~ 3mm、垂向分量可达 5 ~ 10mm，可用于监测精细的地壳运动；高频（≥ 1Hz）数据的动态定位精度可达 cm 级，在中强地震的预警、地震破裂过程反演等领域也逐渐发挥着越来越重要的作用。

2.1.2 InSAR/SAR 观测技术

欧空局（欧洲航天局）于 1991 年发射的 ERS-1 卫星是第一颗获得成功应用与用户认可的 SAR 卫星。SAR 卫星快速发展的时代由此开启，其中，日本以 L 波段系列卫星为主，分别于 1992 年、2006 年与 2014 年成功发射了 JERS-1、ALOS-1、ALOS-2 卫星；欧空局以 C 波段系列卫星为主，分别于 1995 年、2002 年、2014 年、2016 年成功发射了 ERS-2、ENVISAT、Sentinel-1A、Sentinel-1B 卫星；加拿大以 C 波段的 RADARSAT 系列卫星为主，于 1995 年、2007 年分别发射了 RADARSAT-1 与 RADARSAT-2 卫星；意大利以 4 颗高分辨率 X 波段的 COSMO-Skymed 系列卫星星座为主，第一颗 COSMO-Skymed 卫星于 2007 年发射，目前 4 颗卫星已经成功在轨；德国以高分辨率 X 波段的 TerraSAR-X/TanDEM-X 系列卫星为主，2007 年发射的 TerraSAR-X 与 2009 年发射的 TanDEM-X 组成分布式的卫星星座。目前，由于欧空局的 Sentinel 系列卫星采用创新的 IW 成像模式，使得成像测绘带宽接近 200km，而空间分辨率可达 5m × 20m，单星回归周期为 12 天，双星回归周期为 6 天，并且其数据全部开放共享，因此，Sentinel 系列卫星是目前地震科学研究最为广泛的数据来源。

我国第一颗搭载合成孔径雷达的卫星已于 2002 年 5 月 15 日发射，型号为 HY-1 或称海洋一号，空间分辨率可达 5m。之后，我国还相继发射了某些型号的 SAR 卫星。但是，令人遗憾的是中国的 SAR 卫星尚不具备重轨差分干涉测量的能力。我国认识到 SAR 卫星技术发展的缺陷，第一个具备重轨干涉测量能力的 SAR 卫星星座已于 2015 年立项，将采用 L 波段、多极化成模模式与中高等空间分辨率，卫星计划在未来 5 年之内发射。

当前，SAR 卫星已经从早期的单极化向多极化、全极化方向发展，从单颗卫星向卫星组网方向发展。SAR 卫星的空间分辨率与测绘带宽已经具备多样化能力，新的成像模式正在出现。

通过 InSAR 测量获取地形高程信息（DEM），基于在两次观测期间地表稳定、没有发生形变的假设条件。但是，如果在 SAR 卫星两次观测期间，地表发生了形变位移，则重轨 InSAR 的相位差还包括了两次观测期间的地表地形相位信息。通过差分干涉测量（D-InSAR）技术，则能够在 InSAR 测量基础上提取两次观测期间地表的形变信息。

传统重复轨道 D-InSAR 技术是利用形变事件前后获取的具有不同基线 SAR 影像对，通过差分干涉的方法得到影像获取时间之间研究区域内的干涉形变场。但是它的根本限制因素是时间和基线去相关以及大气变化的影响。如果观测目标没有明显形变，微小形变就会淹没在噪声当中而无法获取，这严重地影响到了精确的形变监测。

永久散射体（PS）在长时间间隔上都能保持好的相干性，而且多数情况下，PS 的尺寸一般都小于分辨单元，在长基线的干涉图上也可以保持好的相干性，使可利用的 SAR 影像突破了已有的时间和空间基线的极限限制，大大增加了 SAR 影像的可用数量。在这些像元上，消除地形误差和大气延迟对相位的贡献，就可以获得毫米级地表微小形变。

2.2　重力观测技术

地球重力场及其时变反映地球表层及内部物质的空间分布、运动和变化，同时决定着大地水准面的起伏和变化。因此，确定地球重力场的精细结构及其时变不仅是大地测量学、海洋学、地震学、空间科学、天文学、行星科学、深空探测、国防建设等的需求，同时也将为全人类寻求资源、保护环境和预测灾害提供重要的信息资源。目前常使用的重力测量手段主要有地表观测、航空测量以及卫星重力探测等。地面和航空重力测量均受气候条件影响，且观测区域有限。卫星重力是近年来发展起来的新型空间探测技术，其发展和应用是当今国际大地测量学界继 GPS 之后的又一次革命性突破，为解决全球高覆盖率、高精度、高空间分辨率和高时间重复率，重力测量开辟了新的有效途径，不但弥补了传统重力测量方法的不足，而且使地球重力场和大地水准面的测定精度提高一个数量级以上，并可测定高精度的时变重力场，已成为了大地测量和地球物理学中新的研究热点和前沿。在地球重力场测量中具有划时代意义的德国 CHAMP 卫星、美国和德国联合研制的 GRACE 卫星、欧洲航天局 GOCE 卫星已相继于 2000 年 7 月、2002 年 3 月和 2009 年 3 月发射升空 (孙文科 , 2002)。

CHAMP 卫星是一颗高低卫卫跟踪的重力卫星，由德国地球科学中心（GFZ）独立研制，设计寿命为 5 年，圆形近极轨道，倾角 83°，偏心率 0.004，近地点约 470km。

主要目的包括：确定全球中长波长静态重力场和其随时间的变化；测定全球磁场和电场；大气和电离层探测。低轨卫星上的星载双频 GPS 接收机，以接收高轨 GPS 卫星信号精密确定低轨卫星的轨道，利用卫星的质量中心安装了三轴加速度计测量非保守力，如大气阻力、太阳光压等，星载设备还有卫星激光测距（SLR）反射棱镜和地磁探测仪。

GOCE 重力卫星重约 1000kg，采用近圆形、太阳同步轨道，轨道平均高度为 205km，轨道倾角为 96.5°，任务期为 2 年。GOCE 卫星主要搭载一个有极高精度的卫星梯度仪，一个用于精密定轨和高 - 低轨卫卫跟踪的 GPS/GLONASS 接收机和一个用以补偿非保守力的无阻尼装置。GOCE 的独特功能包括：三维空间尺度内的连续跟踪；对诸如空气阻力，辐射压力等非保守力的连续补偿；选择的低轨道（250km）及该轨道处强烈的重力信号以及通过使用卫星重力梯度来抵消重力场在高度方向上的衰减。

GRACE 是德国和美国联合研制和发射的重力卫星，重要科学目标是提供高精度和高空间分辨率的静态及时变地球重力场，是两颗卫星的组合，通过 K 波段微波系统精确测定出两颗星之间的距离及速率变化来反演地球重力场，设计寿命为 5 年，圆形近极轨卫星，倾角为 89°，初始平均高度为 500km，两颗星之间的距离为 220km。GRACE 具有多种优势，如：卫星轨道低，对地球重力场敏感度高；利用差分观测方式抵消了测量中的许多公共误差；星载 GPS 接收机使确定的卫星轨道精度提高；星载三轴加速度仪直接测量非保守力摄动加速度；卫星上的 K 波段微波测距和测速系统实现了两颗星之间速率变化的测定精度高于 10^{-6}m/s；卫星上的激光发射镜实现了人卫激光测距的辅助定轨和轨道检核；恒星照相机阵列及其他设备可给出高精度的卫星姿态，星载加速度数据的正确解释等。

重力卫星 GRACE 的 L2 数据产品能够每月给出重力场模型时间序列，利用该时变数据可以研究与地球质量迁移有关的地球物理现象，如陆地水储量、冰川质量变化、海洋以及地震等。从理论上，重力卫星 GRACE 能够检测出 8 级以上地震引起的同震重力场变化 (Sun et al., 2004)，但由于该数据的高阶噪声，实际上仅能够检测出 $M_W \geqslant 8.8$ 的地震事件。自 GRACE 从 2003 年发射以来，该卫星测量的时变重力场检测到 2004 苏门答腊 M_W 9.3、2010 智利 M_W 8.8 和 2011 日本东北 M_W 9.0 地震引起的变化。

GRACE L2 每月重力场由 60 阶 Stokes 系数组成，它们是由 L1B 载荷数据（GPS 轨道、加速度计、行间测距和星敏感器等），利用短弧动力学法反演解算得到。目前有多家研究机构发布了 GRACE L2 重力场模型，其中三家官方机构分别是美国喷气推进实验室（JPL）、德国地学中心（GFZ）和美国得克萨斯大学空间研究中心（CSR）。由于 GRACE 高阶噪声的影响，重力场变化图像呈南北条带，在使用重力场时间序列时需要进行平滑后处理。每月 Stokes 系数减去背景场后，对球谐函数求和即可得到重力、大地水准面和垂线偏差的变化。

　　GRACE RL05 数据中已经扣除了海潮、大气等影响，除了计算误差和无法用模型模拟的物理信号外，其观测的重力场时间序列主要反映了固体地球的质量变化。该观测信号中不仅包含地震引起的质量迁移信号，还反映了海洋和陆地水质量的变化。陆地水是污染同震重力场信号的最大因素，可以采用陆地水模型（如 GLDAS）加以扣除。

2.3　热红外探测技术

　　卫星地震热异常监测研究使用的卫星数据主要包括 NOAA-AVHRR、EOS-MODIS以及我国风云（FY）系列气象卫星数据。

　　NOAA 卫星是美国国家海洋大气局的第三代实用气象观测卫星。遥感监测使用的主要是星上搭载的 AVHRR 探测器所获得的数据，扫描角为 ±55.4°，相当于探测地面2800km 宽的带状区域，两条轨道可以覆盖我国大部分国土，三条轨道可完全覆盖我国全部国土。AVHRR 的星下点分辨率为 1.1km。由于扫描角大，图像边缘部分变形较大，实际上最有用的部分在 ±15° 范围内（15° 处地面分辨率为 1.5km），这个范围的成像周期为 6 天。

　　MODIS 全称是中分辨率成像光谱仪，是 EOS 计划中用于观测全球生物和物理过程的仪器，白天 Terra 卫星在地方时上午过境，Aqua 卫星在地方时下午过境，这两颗卫星上的 MODIS 数据在时间更新频率上相配合，可以得到每天最少两次白天和两次黑夜的数据。MODIS 每两天可连续提供地球上任何地方白天反射辐射和白天 / 昼夜的发射辐射数据，包括对地球陆地、海洋和大气观测的可见光和红外波谱数据。每个 MODIS 仪器的设计工作寿命为 5 年，用于搜集供全球变化研究的 15 年数据集。MODIS 是一个真正多学科综合的仪器，可以对高优先级的大气（云及其相关性质）、海洋（洋面温度和叶绿素）及地表特征（土地覆盖变化、地表温度、植被特性）进行全面、一致的同步观测。

　　我国 1997 年发射的第一颗静止轨道气象卫星 FY-2A 在轨运行 10 个月后发生消旋系统故障，2002 年 6 月 25 日发射的风云二号 B 星（FY-2B）数据传输系统也发生故障（宏观等，2008）。2004 年 10 月 19 日、2006 年 12 月 8 日、2008 年 12 月 23 日成功发射风云二号 C 星（FY-2C）、D 星（FY-2D）和 E 星（FY-2E），这三颗星为业务型地球静止气象卫星。2012 年 1 月 13 日发射了我国静止气象卫星 03 批星的第一颗星（FY-2F），这颗星对于确保我国静止气象卫星观测业务的连续稳定运行具有重要的意义。新一代的静止气象卫星风云四号也于 2016 年发射。2021 年，风云四号 B 星和风云三号 E 星也相继发射升空。

地震热异常监测中常用的物理参量包括长波辐射、亮度温度、潜热通量等。

2.3.1 红外长波辐射

目前常用的长波辐射为 NOAA 卫星长波辐射数据产品。该产品是利用极轨卫星载荷的辐射测量仪在红外窗区通道（10.5 ~ 12.5μm）对地球和大气进行扫描，经过对载荷仪器和测量数据的定位、定标处理后，由普朗克公式计算出红外通道的亮温（又称等效黑体温度），再将 NOAA 卫星红外窗区通道（窄波段）的测值与大型气象实验卫星（NIMBUS）获取的宽波段（4 ~ 50μm）的总测值进行匹配，将红外窗区窄波段测定的亮温值订正到等效于宽波段的总测值，最后依据斯蒂芬 - 波尔兹曼公式，从被遥测目标的温度计算出相应的辐射通量密度，即 OLR（Outgoing Longwave Radiation）。

NOAA 网站提供了两种空间分辨率的数据，2.5° × 2.5° 和 1.0° × 1.0°。其中 2.5° × 2.5° 的数据从 1974 年 6 月开始获取，全球共 144 行（经度）× 73 列（纬度）；1° × 1° 的数据从 2006 年 5 月开始获取，全球为 360 行（经度）× 180 列（纬度）。长波辐射数据的单位为 W/m^2。

影响长波辐射值有三个气象变量：①地球表面和大气圈温度；②大气中的水汽含量（水汽能够强烈的吸收红外辐射，削弱地表信号）；③云的含量（能够阻挡来自地表的射出红外辐射）。因此，全球的 OLR 均值能够揭示大气层温度、湿度及云量信息等。

2.3.2 红外亮度温度

当物体的全部波长的总辐射出射度与温度为 T 的黑体相同时，T 被称为该物体的辐射温度。黑体的物理温度就是它的辐射温度。根据斯蒂芬 - 玻尔兹曼定律，绝对黑体的辐射出射度与热力学温度的 4 次方成正比，由此可确定物体的辐射温度。对于黑体而言，物体的辐射温度等于它的真实温度。但对于真实物体而言，其发射率总是小于 1 的正数，故物体的辐射温度总是小于物体的实际温度，物体的发射率越小，其实际温度与辐射温度的偏离就越大。热红外亮度温度与辐射温度是一致的，都具有温度的量纲，但是不具有温度的物理含义。区别在于，前者是通过卫星传感器测量，后者是用辐射高温计或辐射感温器在地面测量。

2.3.3　潜热通量

地表潜热通量（Suface Latent Heat Flux，简称 SLHF）是由于物体相态的变化（如凝固、蒸发或溶解），引起的热量吸收或释放。在表层大气界面，通过蒸发引起的地球、海洋和大气间的能量输送部分地补偿了由于大气中的辐射过程引起的能量损失。潜热通量主要取决于大气参数，如相对湿度、风速、海洋深度和离海洋的远近程度等。在海洋表面，与大气间的水汽和热交换引起的能量损失比陆地表面要高。因此，潜热通量在海洋表面高，在陆地和海洋交界面潜热通量会形成对比。从海陆界面向陆地过渡中，潜热通量是递减的。目前研究中普遍采用的潜热通量数据是由美国国家环境预报中心（NCEP）和美国国家大气研究中心（NCAR）（http://iridl.ldeo.columbia.edu/）提供的从 1948 年开始到现在的一套完整的诊断资料集，是对多源（地面、船舶、无线电探空、测风气球、飞机、卫星等）观测资料进行质量控制与同化处理后得到的日值同化数据，除两极外基本覆盖全球：从赤道（L=0）到极点（L=88.54196）划分 94 条高斯网格线，南北半球数据点对称，高斯线间隔不均匀；经向从 0° 经线起按 1.875° 等间隔逆时针划分 192 条网格线，全球共构成 18048 个潜热通量日值数据像元；潜热通量日值数据时间延迟为 4 天，数据精度达到 $10 \sim 30 W/m^2$（Kalney，1996，Smith et al.，2001）。

2.4　高光谱气体探测技术

2.4.1　遥感探测气体的原理

不同物质对不同波长的电磁波具有不同的吸收、反射或辐射特性。早期，King（King，1958）和 Kaplan（Kaplan et al.，1959）论述了卫星红外大气探测大气温度的原理。O_3、CO_2、CH_4、CO 等痕量气体具有各自固有的辐射和吸收光谱特征，利用星载高光谱分辨率的传感器可以探测气体特有的光谱特征，进而识别不同的气体组分及其浓度。因为痕量气体的光谱特征主要在红外波段（尤其是热红外波段），所以识别、反演大气中的痕量气体组分主要是利用热红外高光谱数据（程洁等，2007；Clarisse et al.，2011）。

2.4.2　大气组分探测仪

遥感探测气体组分的主要技术是卫星载荷的测量技术，依赖于载荷的光谱分辨率和探测能力的发展。20 世纪 70 年代，美国设计的高分辨率的红外探测器（HIRS）有 19 个红外通道，覆盖 4.3 和 15μm 的 CO_2 吸收带以及 6.7μm 的水汽吸收带，光谱分辨率 3～60（cm^{-1}），可用于监测同温层臭氧，标志着卫星遥感大气探测的开始（Smith et al., 1979）。1992 年 3 月发射了大气痕量分子光谱仪（ATMOS），其采用太阳掩星模式对大气化学成分进行全球探测，是第一个采用临边探测方式的高分辨率傅里叶变换星载传感器，它的问世和使用促进了太空探测大气的发展（Persky, 1995）。1996 年 8 月发射的 ADEOS 卫星上搭载的温室气体干涉测量计（IMG）是第一个采用天底观测方式的高分辨率近红外对流层探测仪，可以精确测定地表温度、CH_4、H_2O、N_2O、CO_2 和 O_3 混合比廓线，遗憾的是 ADEOS 卫星运行不到 1 年，1997 年 6 月由于太阳能电板问题结束使命（Kobayashi et al., 1999）。21 世纪以来，各国相继开展了针对温室气体监测的星载红外高光谱技术研究，发射了多颗高光谱探测卫星，丰富了大气组分监测数据资源。目前，在轨运行的用于大气气体探测的主要卫星及传感器参数见表 2-2（郑玉权，2011；刘毅等，2011；王桥等，2011；董超华等，2013）。

表 2-2　具有大气成分探测功能的传感器

传感器	卫星平台	发射年份	星下点分辨率（km × km）	穿轨时间	全球覆盖（d）	光谱范围（μm）	可探测气体种类
MOPITT	TERRA	1999	22 × 22	10:30d	3.5	2.3~4.7	O_3，CO
AIRS	AQUA	2002	13.5 × 13.5	1:30a	1	3.74~15.4	CO_2，CH_4，O_3，CO，H_2O，SO_2
SCIAMACHY	ENVISAT	2002	60 × 30	10:00d	6	0.24~2.38	O_3，O_4，N_2O，CH_4，CO，CO_2，H_2O，SO_2，HCHO
OMI	AURA	2004	24 × 13	1:45a	1	0.27~0.50	NO_2，SO_2，O_3，HCHO，BrO
GOME-2	MetOP	2006	80 × 40	9:30d	1	0.24~0.79	NO_2，SO_2，O_3
IASI	MetOP	2006	12 × 12	9:30d	0.5	3.62~15.5	CO_2，CH_4，O_3，CO，H_2O，SO_2，N_2O
TANSO	GOSAT	2009	10.5	1:00d	3	0.76~14.3	CO_2，CH_4，O_2，O_3，H_2O
CrIS	NPP	2011	14	10:30d	16	3.92~15	CO_2，CH_4，CO
OCO-2	OCO-2	2014		1:26d	16		X_{CO_2}

注：第 5 列为发生在上午和下午的过境时间，降轨为 d，升轨为 a。

2.4.3　气体反演技术

气体浓度反演技术有傅里叶变换红外光谱技术（Beil et al., 1998；Petersen et al.,

2010）和差分吸收光谱技术（Differential Optical Absorption Spectroscopy, DOAS）（Platt et al., 1979；Platt et al., 1980）。DOAS 是大气实时遥感探测最重要、最常用的方法，在 DOAS 理论基础上通过修正、改进，形成现有的一些利用卫星数据反演气体成分的方法，并越来越多地应用于大气中痕量气体和污染气体组分的探测。如改进的 DOAS 算法 WFM-DOAS 从 SCIAMACHY 数据反演 CH_4（Buchwitz et al., 2005；Schneising et al., 2009）、CO（Buchwitz et al., 2005）及 CO_2（Buchwitz et al., 2005；Barkley et al., 2006, Schneising et al., 2008）浓度、从 SCIAMACHY 数据利用 IMAP-DOAS 反演 CH_4 和 CO_2 浓度（Frankenberg et al., 2005）和从 AIRS 数据利用消失偏导数法（Vanishing Partial Derivatives, VPD）反演 CO_2 廓线（Olsen et al., 2008；Chahine et al., 2005）等。

此外，还有波段残差法（Band Residual Difference, BRD）（Krotkov et al., 2006）、人工神经网络等反演方法（Carvalho et al., 2007；Liu et al., 2013）。使用残差技术由 OMI 数据反演对流层 O_3 柱含量（Schoeberl et al., 2007）和 SO_2 浓度（Krotkov et al., 2006）。Turquety 等从 IASI 数据利用非线性人工神经网络反演对流层 O_3 和 CO 浓度（Turquety et al., 2004）。神经网络通过构造合适的网络结构，构造精确快速的前向模式和精确性好的反演算法，用来仿真复杂的非线性关系，快速提取卫星大气参数，适宜于探测业务运行（白文广，2010）。

2.5　电离层探测技术

2.5.1　电离层垂测

电离层的研究是以垂直入射探测开始的。电离层垂测探测的基本原理是垂直地面发射一串无线电脉冲进入电离层，测量从电离层发射回波到达接收机的时间延迟来反演电离层参数（熊年禄等，1999）。我国从 20 世纪 40 年代开始建立电离层垂测站，目前中国电波传播研究所已经建立了遍及我国中低纬地区的 13 个电离层垂测站（徐彤等，2012），积累了数个太阳周的电离层观测数据。中科院地质与地球物理研究所沿 120° 经度链建立了漠河、北京、武汉、三亚 4 个台站，包括垂测仪、流星雷达、气辉观测、闪烁观测等设备，应用长时间观测数据开展了大量的电离层研究工作（Yu et al., 2013；Li et al., 2013）。中国地震局地震预测研究所和武汉大学共同在云南省普洱市大寨台站（普洱台）和四川省乐山师范学院（乐山台）建立了 2 个常规电离层垂测站，用于监测电离层特性的基本变化，并研究扰动提取方法，分析其与非震和地震的相关性（刘静等，2016）。

电波入射方向与等离子密度面法线成一非零角的传播，即斜向传播。斜传播对于电离层探测具有特殊的优越性，这是因为垂测只能得到头顶上范围很小的电离层信息，而斜线探测有可能对数千千米范围的电离层进行探测与研究。自 2008 年起，在科工局（国家国防科技工业局）及中国地震局的支持下，建设了华北电离层斜测监测网，包括 5 个电离层垂测站、20 个斜测接收站，每日接收 100 条链路上的最大可用频率，从而获得反射点上 F2 层临界频率（foF2）。从建设期至今，该网络一直正常运转，每日产生连续数据，对华北上空的电离层进行监测并开展空间天气事件及地震等方面的应用研究。

2.5.2　基于 GPS 的 TEC 反演

电离层是指距地球表面 50 km 到 2000 km 左右高度之间的空间层区，介于未电离的低层中性大气和更远的磁层之间（Kelly，2009），是日地空间环境的重要组成部分。作为日地系统的重要敏感区域，日地空间环境中发生的大型事件在电离层中均会出现不同时空尺度的响应，将电离层作为日地空间扰动现象的"显示屏"加以分析研究是当前地球科学领域研究热点问题之一。

现有研究表明，大型的固体地球自然灾害事件，如地震、火山喷发等均能触发电离层异常变化，特别是近十几年针对地震前电离层异常变化的统计研究结果表明：由地震引起的电离层异常变化不仅确实存在，而且 6 级以上地震发生前的几天到几分钟很可能会出现显著的电离层异常（He et al.，2012；Le et al.，2011；Liu et al.，2001；Liu et al.，2006；Parrot，2012；Zhang et al.，2009），因此，电离层异常变化监测已成为实现震前短临预警的潜在重要途径之一（丁鉴海等，2004；赵国泽等，2007；张学民等，2009a；张学民等，2009b）。

从 20 世纪 90 年代中期开始，随着 GNSS 系统精度的提高及相关技术的飞速发展，GNSS 开始被用来探测地球大气。GNSS 信号在穿越大气层时，由于大气折射等的影响，其传播过程会产生时延和路径弯曲，通过对这一效应的测量和计算，可获取电离层中的电子总含量（Total Electron Content，TEC）、对流层中的水汽含量等参数的分布和时变信息。由此，GNSS 为电离层研究注入了新的活力，成为一种迅速发展的重要的电离层探测方法。利用 GNSS 研究电离层，相比于其他的探测手段而言，具有如下显著优势：

（1）GNSS 卫星轨道平均高度达 20,000 km 左右，GNSS 卫星信号穿过了全部电离层区域，包括了 2000 km 以上的等离子体区域；

（2）目前，世界范围内任何区域可以同步观测到的 GNSS 卫星数已经至少有 10～20 颗，而 2020 年这一数量增加至 20～40 颗，GNSS 星座分布均匀，全球无缝覆盖，这是其他任何电离层探测手段都无法实现的；

（3）全球各地的 GNSS 连续运行参考站（Continuously Operating Reference Stations, CORS）数量在持续不断增加，国际 GNSS 服务（International GNSS Service, IGS）组织已经在全球建立了 500 多个站点的连续运行跟踪站网络，世界各国纷纷大量建立满足其各种具体应用需求的 GNSS 连续运行跟踪站网络，我国已经在几十个省市及行业建成了连续运行跟踪站网，利用这些连续运行的 GNSS 多功能跟踪网，既可实现电离层的大范围全球监测又可对局部电离层变化进行细致监测；

（4）GNSS 接收机的采样频率在持续增加，目前一般可提供 1s～30s 采样间隔的观测数据，而且每颗卫星均有至少四种信号可用于电离层探测，可用的观测数据非常丰富，可实现高精度、高时空分辨率的电离层参量反演。

目前，全球运行的 GNSS 系统主要有美国的 GPS（Global Positioning System）、俄罗斯的 GLONASS（Global Navigation Satellite System）以及我国的北斗全球导航定位系统（COMPASS 或 BEIDOU）。其中 GPS 和 COMPASS 采用的是码分多址技术（CDMA），而 GLONASS 采用的是频分多址技术（FDMA），也就是说 GPS 和 COMPASS 利用不同的测距码结构来识别不同的卫星，而 GLONASS 利用不同的载波频率来识别不同的卫星。因此，GPS 和 COMPASS 在计算电离层电子总含量（Total Electron Contents, TEC）时具有完全相同的算法，而 GLONASS 计算时需要先获取每颗卫星对应的载波频率。对于 GPS 和 COMPASS，由于所有卫星的载波频率是一致的，因此可以利用下式来计算传播路径上的斜向电子总含量（slant total electron content, STEC）：

$$STEC = \frac{f_1^2 f_2^2}{40.28(f_1^2 - f_2^2)}(\rho_2 - \rho_1) = \frac{f_1^2 f_2^2}{40.28(f_1^2 - f_2^2)}[(\lambda_1\phi_1 - \lambda_2\phi_2) + (\lambda_1 N_1 - \lambda_2 N_2)]$$

式中，f_1 和 f_2 分别为载波 L_1 和 L_2 的频率；ρ_1 和 ρ_2 分别为两个频率上的伪距观测值；ϕ_1、ϕ_2 分别为载波相位观测值，其对应的载波波长分别为 λ_1、λ_2；N_1 和 N_2 分别为载波相位观测值 ϕ_1 和 ϕ_2 的模糊度。通常取 TECU 为 STEC 的单位，1 TECU=10^{16} el/m^2。

在计算获取的 STEC 中仍存在两种显著的误差，分别为 GNSS 卫星的硬件延迟偏差和地面接收机的硬件延迟偏差。目前已有的硬件延迟偏差计算方法有多种，如基于多个站点的最小二乘计算方法、基于单个站点的 minimum scalloping 方法等。如果在已知卫星硬件延迟的情况下，比如通过 IGS 获取了较准确的卫星硬件延迟值，则推荐利用单站数据来计算独立站点的接收机硬件延迟，一方面可以避免引入站间的偏差，另一方面对于 GLONASS 来说可以尽可能的减小由于内部不同频率所引起的偏差。在硬件延迟改正基础上，为了进一步克服卫星高度角的影响，可基于单层模型利用投影函数将 *STEC* 转换为垂向电子总含量为 *VTEC* (vertical total electron content)。

2.5.3 甚低频电波传播

目前世界上许多国家都有用于军事或导航的 VLF（very low frequency）发射站，这些 VLF 电波在地球表面与电离层的波导中传播，发射站发射的 VLF 信号在 VLF 接收站具有稳定的相位和振幅，但是一旦电离层的高度发生沉降的话，那么 VLF 的传播路径就会发生改变，接收站的 VLF 电波的相位与振幅也就会出现异常。基于这种原理，日本在美国北达科他州（N.Dakota）、夏威夷 (Hawaii) 等地建立电磁辐射发射站，发射 VLF 电波，在日本铫子市的 Inubo 电磁波观测站进行接收，研究电波路径上的地震与电离层的异常，发现在 1975—1990 年阿留申群岛等 5 次 7 级以上地震前 1 ~ 10 天内均有显著的异常出现。

人工发射 VLF 电波主要应用在导航，因为 VLF 电波在地球表面—电离层波导中传播，在理想情况下 VLF 相位日变化曲线往往呈现规律的梯形形状，也就是说接收点的 VLF 电波的相位与幅度分别稳定在相应的固定值上。而当电离层的高度发生沉降，VLF 电波的地面—电离层波导发生了改变，那么在接收站接收的信号也发生改变，那么通过对接收站接收到的信号的幅度和相位等参量分析，可以间接的研究电离层的变化。利用这种间接研究电离层与地震关系的观测技术，研究晨昏出现时间变化的产生机制，发现地震前晨昏出现时间向前先后拓展可能与孕震区上空存在的电离层高度降低的变化有关（Yoshida et al., 2008；Biagi et al., 2008；Hayakawa, 2007；Chakrabarti et al., 2005；Molchanov et al., 2001；Molchanov et al., 1998）。

Horie 等（Horie et al., 2007）利用接收到来自应用于导航的无线电发射台发出的 VLF/LF 频段信号，发现 2004 年苏门答腊 9.1 级地震引起的电离层异常。他们利用远在日本的 CHO、CBA 和 KOC 三个站接收到来自澳大利亚 NWC 发射站发出的 19.8kHz 电波信号，发现在 2004 年 12 月 26 日苏门达腊 9.1 级地震前后，三个接收站接收到的信号强度在夜测都有同步降低的变化。

2010 年中国地震局地震预测研究所建设了 VLF 观测网络，在云南通海、四川雅安、北京安装了 3 台阿尔法信号场强和相位监测仪（图 2-1），用来接收从俄罗斯阿尔法导航系统发射的 VLF 电波信号，通过监测和记录各台各 VLF 电波信号的场强（幅度）与相位的日变化来研究 VLF 传播异常与地震电磁前兆的关系（图 2-2）。

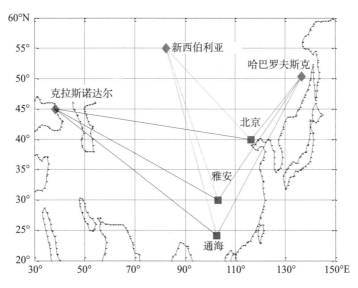

图 2-1　中国大陆 VLF 台站（■）布局示意图

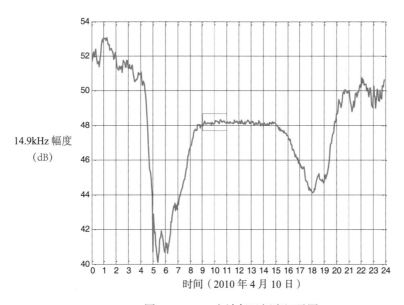

图 2-2　VLF 电波每日幅度记录图

2.5.4　舒曼谐振观测

舒曼谐振波是由 Schumann 在 1952 年发现，从而以发现者名字命名，即舒曼谐振波。多年来的研究发现，舒曼谐振与地球近地空间环境中雷暴源活动、电离层扰动、全球平均气温有着密不可分的关系，尤其是舒曼谐振在监测全球雷暴活动以及预测地震方面有着很可观的研究前景。

舒曼谐振产生的原理是全球雷暴源不断激发超低频电磁波，当这些超低频电磁波在地球电离层波导系统中传播时，相当于在某种谐振腔中传播，因而会发生干涉效应，从而产生舒曼谐振波。而且产生的干涉频率并不是单一干涉频率。根据不同干涉频率可以将舒曼谐振波分为一阶舒曼谐振、二阶舒曼谐振、三阶舒曼谐振、四阶舒曼谐振等等。理想情况下舒曼谐振的谐振频率计算公式如下所示：

$$f_n = \frac{c_0}{2\pi R_0}\sqrt{n(n+1)}$$

式中，c_0 代表的是光在真空中的传播速度；R_0 代表的是地球半径。

2.5.5 卫星电磁探测技术

应用空间电磁信息探测地震孕育的过程，从发现相关现象到发射专用卫星及其科学应用，发展历程已有数十年。目前，俄罗斯、乌克兰、美国和法国都已经发射了用于地震监测预报的电磁卫星，并且有后续的卫星或卫星星座计划。日本、意大利等国也将地震电磁卫星列入了航天发展计划。各国／地区主要电磁卫星计划特点汇总如表 2–3。

表 2–3　各国／地区主要电磁卫星计划

卫星名称	所属国家／地区	科学目标	基本参数	发射时间	备注
Predvestnik-E	俄罗斯	探测与地震有关的电离层变化信息；探索地震预报信息；研究太阳耀斑	轨道：高度 450km，倾角 65°	2001 年	已发射
COMPASS-Ⅰ	俄罗斯	探索和测试地震预报技术；监测太空垃圾	轨道：高度 830km，倾角 98.85°，太阳同步轨道	2001 年 12 月	已发射，发射后不久失败
QUAKESAT	美国	研究 ELF 磁场信号与地震岩石破裂关系机理，预测地震活动性	轨道：高度 840km，太阳同步	2003 年 6 月 30 日	已发射，实际在轨运行 1 年半
DEMETER	法国	研究与地震有关的电离层扰动；探测全球尺度的卫星纬度上的电磁环境	轨道：高度 710km，倾角 98.23°，准太阳同步圆形轨道	2004 年 6 月 29 日	已发射，2010 年 12 月初结束运行
COSMIC/Formosat-3	中国台湾／美国	空间天气的研究和预报、气候监测以及大地测量，同时也致力于研究军事和国防安全极其敏感的问题	轨道：高度 700～800km，倾角 72°	2006 年 4 月 15 日	已发射，目前处于正常运行状态

续表

卫星名称	所属国家/地区	科学目标	基本参数	发射时间	备注
COMPASS-II	俄罗斯	研究与地震、火山和其它大规模的自然灾害有关的电离层电磁和等离子体扰动等前兆	轨道：高度 488~401 km，倾角 78.9°	2006 年 5 月 26 日	已发射，但数据未能成功下传
ESPERIA	意大利	研究与地球内部动力学等有关的现象和地震活动性	轨道：高度 813km		计划发射
QUAKESAT-2	美国	研究电离层参数变化与地震活动性的关系		2007 年	已发射
ARGO	中国台湾	研究近地电磁环境、等离子体环境和高能粒子环境；环境监测、灾害监测	轨道：高度 620 km，太阳同步轨道，倾角：89.8°		计划发射
ELMOS	日本	地球电磁场环境监测与研究；地震电磁前兆研究	轨道：600 km 高度，太阳同步轨道，极轨		计划发射
VULCAN S/C	俄罗斯	全球尺度上监测异常地震现象；与 COMPASS II 系统一起构成大气层、电离层电磁异常现象监测的长期、中期及短期地震预报监测网	共 8 颗卫星，分别定位于 550km（6 颗）和 950km（2 颗）高度的近圆轨道上		计划发射
IONOSATS	乌克兰	利用卫星电磁、电离层监测手段能够监测地震活动	星座由 3 颗卫星组成。卫星采用极轨，圆轨道，轨道高度 450 km，倾角 >80°		计划发射

法国 DEMETER（Detection of Electro-Magnetic Emission Transmitted from Earthquake Regions）卫星于 2004 年 6 月 29 日发射，2010 年 12 月 9 日停止接收数据，共积累了 6 年半的电离层观测数据，是目前地震电离层扰动研究中主要使用的电离层探测数据源。卫星采用准太阳同步圆形轨道，轨道倾角 98.23°，高度 710 km（2005 年 12 月中旬开始降为 660km），卫星重量 130kg，用于研究地震和火山活动引起的电离层扰动。其科学目标为研究地震、火山活动和人类活动有关的电离层扰动，研究引起电离层扰动的机制，提供全球电磁环境的信息。DEMETER 卫星的主要载荷如下：

ICE：电场探测仪，用四个球形电场传感器探测电场的三分量，频段范围是 DC-3.175MHz；

IMSC：感应式磁力仪，测量磁场的三分量，频段范围是 19.5Hz 至 18kHz；

ISL：朗缪尔探针，主要测量电子密度、离子密度、电子温度、卫星电位等；

IAP：等离子体分析仪，测量 H^+ 密度、He^+ 密度、O^+ 密度、离子温度、离子速率等；

IDP：高能粒子分析仪，测量能量范围在 $60 \sim 600 keV$ 的高能电子通量。

DEMETER 采用两种运行模式，巡查（Survey）模式和详查（Burst）模式，其中巡查模式用于采集全球范围的普通数据，详查模式以高采样率采集地震带上空的数据。

2.5.5.1　电磁场探测

1）感应式磁力仪

DEMETER 搭载的感应式磁力仪（Instrument Magnetic Search Coil, IMSC），用来观测 $19.5Hz \sim 20\,kHz$ 的变化磁场（Parrot et al., 2006）。前置放大器、感应线圈是 IMSC 的主要组成部分。感应线圈的材料为镍铁导磁合金，主线圈长 $170\,mm$，横截面是 $4 \times 4\,mm^2$，缠绕了约 12,000 匝铜线）主线圈产生的感应电压为：$\varepsilon = \mu_{reff} NS(dB)$，其中 μ_{reff} 是相对有效渗透系数，N 是线圈的匝数，S 为线圈的横截面面积，B 是线圈外的磁场感应强度。

2）电场仪

DEMETER 搭载的电场探测仪（Instrument Champ Electrique, ICE），由四个球形传感器组成，可以观测从 $DC{-}3.175\,MHz$ 的电场（Berthelier et al., 2006）。ICE 的 4 个球形传感器、前置放大器以及相关的电子设备安装在 4 根大约长为 4 米的伸杆上，这样可以避免卫星本体对传感器的电磁干扰。4 个传感器中每两个传感器之间的电位差和距离可以测量两个传感器间沿轴向的电场分量。ICE 可以提供 DC/ULF、ELF、VLF 和 HF 共 4 个频段电场信息（Berthelier et al., 2006）。任何工作模式下 DEMETER 都观测 DC/ULF 频段的三分量，而 ELF 频段的三分量只在 DEMETER 的详查模式下启动，在 DEMETER 巡查模式下只提供 ELF/VLF/HF 频段单分量信息（Berthelier et al., 2006）。

2.5.5.2　原位等离子体探测

朗缪尔探针因其结构简单，在卫星探测中广泛应用于空间等离子体参量探测。其探测原理是通过变化扫描电压，测量随扫描电压变化的电流，获得电流－电压（$I{-}V$）曲线，对伏安曲线的分析即可提供等离子体密度和温度信息。

DEMETER 卫星上的朗缪尔探针（ISL）包含两个电极：①圆柱电极；②球形电极，其表面被分割成互相绝缘的多个碎片，这种新型的设计在获得传统的电子密度和温度时，还可额外获取等离子体群速度（Lebreton et al., 2006）。

$I{-}V$ 曲线一般可划分为三段：离子饱和区、过渡区和电子饱和区。首先可以利用过渡区的 $I{-}V$ 曲线的斜率计算获得，

$$T_e = \frac{e}{k_B A_{ret}}$$

式中，e 为电子电量；k_B 为玻尔兹曼常数；A_{ret} 为该段的曲线斜率。利用电子和离子饱和区段曲线，可计算电子和离子密度，即

$$N_e = \frac{I_e}{eA_e}\sqrt{\frac{M_e}{k_B T_e}}, \quad N_i = \frac{I_i(v=0)}{eA_i v_i}$$

式中，M_e 为电子质量；A_e 为电子采集区面积；I_e 对应电子饱和区 $v=0$ 时的电流值，同样 A_i 为离子采集区面积，I_i 为离子饱和区对应 $v=0$ 时的电流，v_i 为离子相对飞行器的运动速度。

等离子体分析仪（IAP）主要用于探测热离子中的不同成分，如主要的 H^+，He^+，O^+ 等各种离子成分的密度，离子温度以及离子运移速度（Berthelier et al., 2006）。搭载在 DEMETER 卫星上的等离子体分析仪主要由两部分组成，第一个是阻滞势分析仪，主要完成对离子流的能量分析，获得主要离子成分的密度和温度，以及它们沿着视线方向的运移速度；第二个是离子漂移计，它用于测量离子流的运动方向，这样两个仪器的组合就可提取获得以卫星为参考的离子速度矢量。

第 3 章 强震应用研究

近 10 年来，全球发生多次强震，为深入研究这些地震的前兆特征，总结与地震相关的地球物理场时空演化规律，我们遴选了其中 6 次地震作为分析重点，遴选的条件主要包括：

（1）地震具有广泛的影响性，以大陆或者近陆地边缘的海洋地震为主，尤其是国内外学者普遍关注的地震，以保障可以收集获得足够多的分析资料。

（2）地震发生期间有多种地球物理场探测手段观测数据，以保证多参量分析结果的综合性和全面性。

下面分别对遴选出的全球比较典型的 6 次地震事件（2008 年汶川地震、2009 年意大利拉奎拉地震、2010 年智利地震、2010 年青海玉树地震、2011 年日本地震、2015 年尼泊尔地震）开展独立分析。

3.1 强震多地球物理参量综合分析

3.1.1 2008 年 5 月 12 日汶川 M_w7.9 地震

3.1.1.1 卫星探测电离层电子密度异常

基于法国 DEMETER 卫星 Langmuir 探针观测的电离层电子密度（N_e）数据，应用斜率分析及滑动平均分析方法发现，在排除磁暴等事件影响后，2008 年 5 月 7 日电子密度出现正向扰动，同时滑动平均方法还提取出震前 5 月 9 日、10 日、11 日不同程度的扰动现象（图 3–1，图 3–2）。除此之外，5 月 3—4 日的扰动中虽有磁暴的影响，但也不排除受震前电磁扰动的影响，分析 Langmuir 探针观测的电子温度（T_e）数据，在这两日震中上空附近的电子温度也有大面积增温的现象发生。

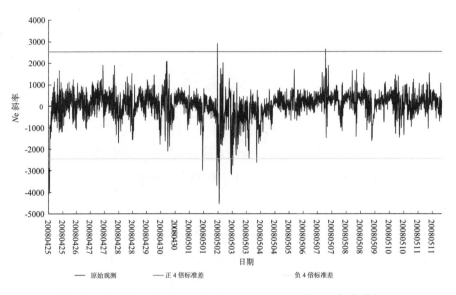

图 3-1　2008 年 4 月 25 日—5 月 11 日汶川地震周围 N_e 斜率分析图

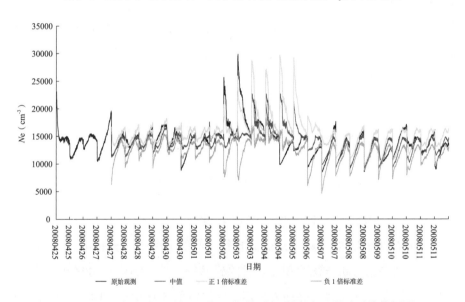

图 3-2　2008 年 4 月 25 日—5 月 11 日汶川地震周围 N_e 滑动平均分析图

3.1.1.2　电磁场

构建观测值统计背景场：将汶川震中 ±10° 的区域（21° ~ 41°N，93.4° ~ 113.4°E）划分成 2°×2° 的网格，得到一个 10×10 的网格；其次在每个 2°×2° 的网格单元里将 2005—2009 年 DEMETER 卫星在 2 月 1 日— 6 月 30 日期间的观测数据进行统计平均，求出 ELF/VLF（370 ~ 897Hz）频段磁场分量的功率谱密度（PSD）值的均值和标准方差，得到一组 10×10 的均值矩阵 β（图 3-3a）和一组标准方差矩阵 σ（图 3-3b）。

利用同样的方法，只用地震发生当年即 2008 年 2 月份的 *PSD* 值在每个网格单元中求出 2 月份观测值的均值，得到一组 10×10 的均值矩阵 α（图 3-3c）。定义：

$$\theta = (\alpha - \beta) / \sigma \qquad (3.1)$$

利用公式（3.1）计算出每个 $2° \times 2°$ 网格内的 θ 值，结果如图 3-3d。将 2008 年 2 月份汶川震中上空的磁场强度相对于背景场的变化大小归一化为标准方差 σ 的倍数，θ 为无量纲指标，表征地震时段空间磁场相对于背景场的扰动幅度。

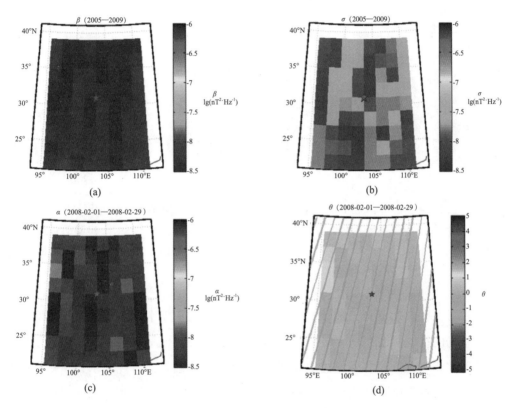

图 3-3 θ 值的计算过程（汶川地震为例）

（a、b 是 5 年（2005—2009 年）的 2 月 1 日—6 月 30 日磁场 *PSD* 值构建的背景场均值 β 矩阵、
背景场标准方差 σ 矩阵；c、d 是由 2008 年 2 月份的 *PSD* 值构建的 α 均值矩阵，
2008 年 2 月份的 θ 值。红星表示汶川震中，色标分别显示 β、σ、α、θ 值的大小）

汶川震中 $\pm 10°$ 区域内背景场均值矩阵 β 和标准方差矩阵 σ（图 3-4a, b）。将 2008 年 2 月 1 日—6 月 30 日划分为 6 个时间段，分别为：2 月 1 日—2 月 29 日、3 月 1 日—3 月 31 日、4 月 1 日—4 月 30 日、5 月 1 日—5 月 12 日、5 月 13 日—5 月 23 日、5 月 24 日—6 月 23 日。然后分别求出这 6 个时段内的 α 矩阵，并计算出 θ 值，结果见图 3-4。

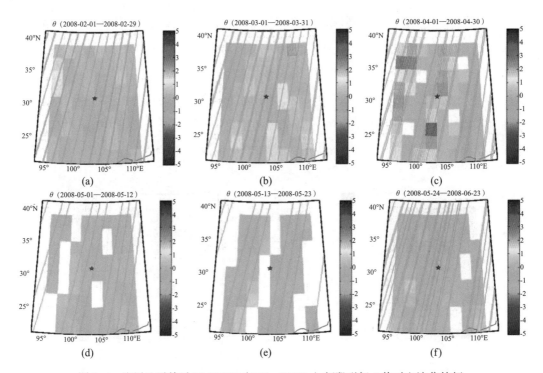

图 3-4　汶川地震前后 ELF/VLF（370～897Hz）频段磁场 θ 值时空演化特征

（a、b、c 分别为 2 月 1 日—2 月 29 日、3 月 1 日—3 月 31 日和 4 月 1 日—4 月 30 日的 θ 值大小，

d、e、f 分别为 5 月 1 日—5 月 12 日、5 月 13 日—5 月 23 日和 5 月 24 日—6 月 23 日的 θ 值大小，

图中红星表示汶川地震震中，色标表示 θ 值的大小）

图 3-4 表示了 2008 年 2 月 1 日— 6 月 30 日期间汶川震中上空 ELF/VLF 频段磁场相对背景场的扰动幅度大小。结果表明，汶川地震前 3 个月（2 月 1 日— 2 月 29 日）最大 θ 值（相对背景场的最大扰动幅度）为 1.5；地震前 2 个月（3 月 1 日— 3 月 31日）磁场扰动幅度开始加强，最大 θ 值为 2.1；地震前 1 个月（4 月 1 日— 4 月 30 日）磁场扰动幅度最强烈，最大 θ 值为 3.5，说明这个时段内空间的 ELF/VLF 频段磁场强度变化相对于背景场增强了 3.5 倍标准差；然而自 5 月 1 日— 5 月 12 日磁场强度开始下降，最大 θ 值降为 2.3，5 月 13 日— 5 月 23 日（震后 10 天内）磁场强度维持在低值范围内，最大 θ 值降为 0.8；震后 11 天至 1 个半月（5 月 23 日— 6 月 23 日）磁场强度逐渐回升，最大 θ 值为 1.24。

3.1.1.3　热参量观测

1）单参量观测

比较川滇地区 4 月份 2.5°×2.5° 长波辐射涡度背景场（1979—2008 年月均值）与 2008 年 4 月份长波辐射涡度场，发现长波辐射涡度最大变化中心出现在未来地震震中的西南方，中心涡度值达到 41W/m² （背景涡度场该中心涡度值仅为 24W/m²）。又分析了 2008 年各月去除背景场后的涡度变化图，发现从汶川地震前 2 个月开始该区的涡度异常演化过程与一次地震孕震过程的能量积累与释放过程十分类似。从 2008 年 4 月份和 5 月份的去除背景场后的长波辐射涡度变化场（图 3-5）可以看出，4 月份，即震前一个月，长波辐射能量空间变化最大的区域集中于青藏高原的东边界，并且在南北两侧有两个显著的高值区，在发震构造龙门山断裂带附近也有条带状的增强现象，而到 2008 年 5 月，即发震当月，这种能量的变化高值就主要集中在震中附近。这种演化过程与地震的发震动力学过程和构造成因基本一致，即青藏高原地壳内部物质东流，受到强硬的四川盆地的阻挡，使得下地壳物质在龙门山堆积，不断堆积的物质对龙门上断裂带上盘造成了强大的推挤作用，龙门山在这种过程之下长期积累能量，最终瞬间在一个薄弱点（地震震中）释放，产生地震。

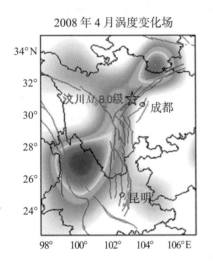
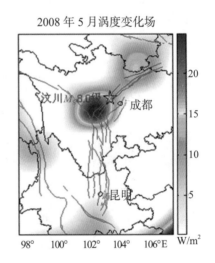

图 3-5　汶川地震长波辐射异常
（五角星为 2008 年 5 月 12 日汶川地震震中，红色线条为主要断层）

对距离震中最近的点位（30°N, 102.5°E）去除背景场后的涡度变化进行了时间序列分析显示，震中区从 2008 年 3 月至 2008 年 6 月相比多年背景场涡度变化数据有显著的增强，代表一次能量积累的过程，其中地震发生当月——2008 年 5 月，异常幅度最大，自地震后两个月——2008 年 7 月开始，异常消失（图 3-6）。据此，也可看出，汶川地震的能量并非地震过后马上释放完全，是一个缓慢释放的过程。

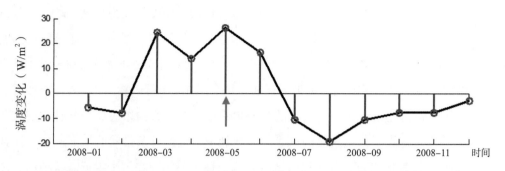

图 3-6   2008 年 30°N、102.5°E 点位涡度异常变化图（红色箭头代表地震发生月）

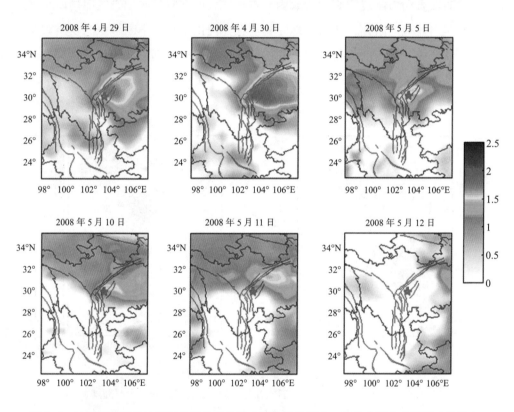

图 3-7   汶川地震前长波辐射日异常演化图（五角星为震中，红色实线为主要活动构造）

利用标准差阈值法分析，发现地震发生前 13 天（2008 年 4 月 29 日）在震中区出现明显的异常，一直到地震发生前一天（2008 年 5 月 11 日），震中区的这种异常现象频繁出现，并且异常等级逐渐降低，直至地震当天完全消失（图 3-7）。这一演化过程反映了地震从孕育、发生到结束，能量从积累到衰减的过程。在空间范围上，异常的面积大概为 2 万平方千米左右，并且异常沿龙门山断裂带分布，且与未来震中位置相吻合，因此，可以说异常的空间位置分布对判断发震构造和地震震中有一定的指示作用。

2）多参量综合观测

根据地震发生的时间与区域构造环境，选择 28°～36°N、96°～108°E 范围内多年的 3—5 月份的多参数数据（温度日较差、地表温度、大气温度、长波辐射、地表潜热通量）进行分析。震中附近像元的时间序列表明温度日较差和长波辐射在 2008 年 5 月 6 日出现强异常（超过 $\mu+2\sigma$），地表温度和 500hpa（根据震区地形高度对应的大气压）

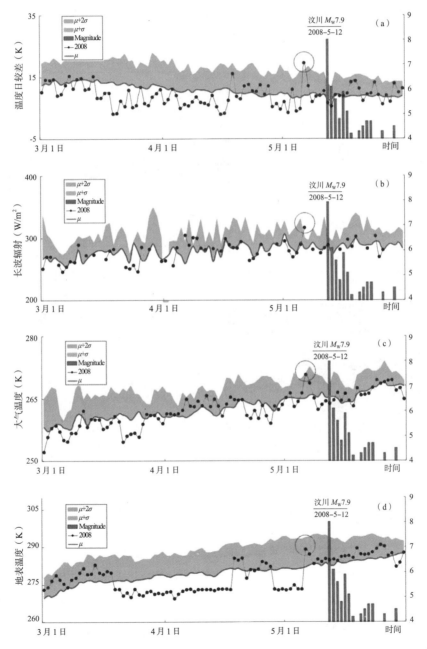

图 3-8　汶川地震震中附近像元的温度日较差、长波辐射、大气温度和地表温度时间序列

在震中附近出现明显的地表温度差值高值异常（图 3-9）；2008 年 5 月 6 日，在震中附近出现明的大气温度在同一天出现弱异常（超过 $\mu+\sigma$）（图 3-8）；2008 年 5 月 6 日和 7 日，显示温度日较差差值高值异常（图 3-9）。潜热通量的变化显示情况为：2008 年 4 月 25 日，在龙门山断裂和鲜水河断裂控制区域出现了明显的潜热通量差值高值异常，随后消失；5 月 5 日，在同样位置再次出现了弱的潜热通量差值高值区域；7 日，该异常区域出现在龙门山断裂的北端；8 日，恢复平静；9 日，覆盖震中，随后沿着龙门山断裂反复移动；12 日即地震当天，再次覆盖震中，震后消失（图 3-10）。

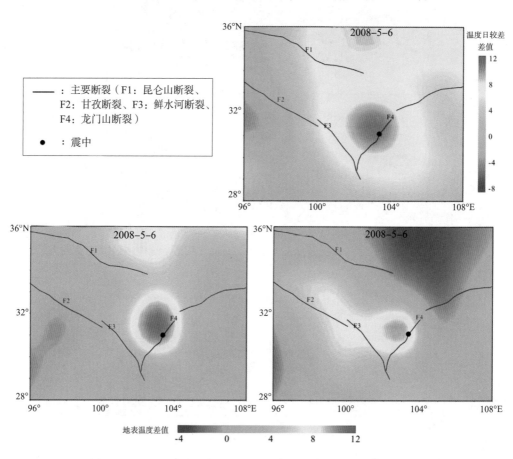

图 3-9　汶川地震前温度日较差与地表温度异常（黑点代表震中）

汶川地震前 1 周左右温度日较差、地表温度、大气温度、长波辐射、地表潜热通量 5 个热参数均出现了准同步的正异常，位置位于震中及活动断裂（龙门山断裂、鲜水河断裂）附近，空间分布与遥感岩石力学实验结果（断层双剪粘滑热红外成像实验结果、非连续组合断层加载红外热成像实验结果、交会断层加载红外热成像实验结果）一致，应该是一种临震遥感热异常现象。

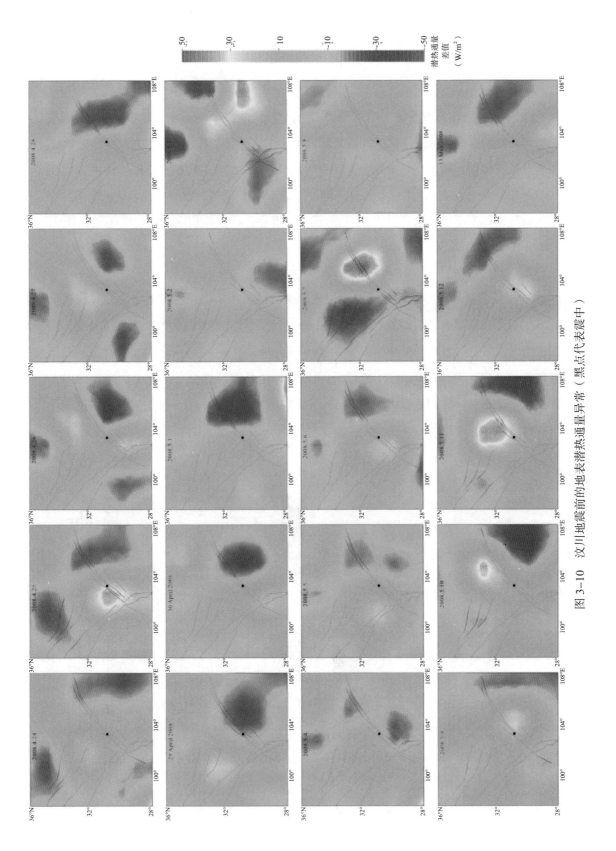

图 3-10　汶川地震前的地表潜热通量异常（黑点代表震中）

3.1.1.4 含碳气体地球化学特征

1）CO_2 异常特征

分析了 AIRS CO_2 体积混合比数据显示，2008 年 3 月 CO_2 体积混合比（图 3-11 上）和 CO_2 体积混合比月背景场（图 3-11 下）沿龙门山断裂带在汶川地震震中西南方和东北方均出现明显的极大值异常，且最大异常出现在临近震中附近的西南方，类似于 2008 年 5 月长波辐射涡度变化场异常分布特征（图 3-5）。此外，震中区 CO_2 体积混合比在 2005—2007 年（没有 5.0 级以上大震）每年以约 2×10^{-6} 的增长速率增长，这是由于全球温室效应引起的年变，而在发生汶川地震的 2008 年，CO_2 体积混合比突破年变，在 3、4 月份出现高值异常（图 3-12）。

2）CH_4 异常特征

利用差值法和异常指数法提取汶川地震前后的 ARIS CH_4 总含量变化，发现在地震发生当月，高出背景值约 6.4×10^{17} mol/cm^2，最大异常指数约为 1.5σ（图 3-13）。空间上沿 NE 向龙门山断裂带和 NW 向荥经—马边断裂带呈线性分布，受断裂控制明显，异常极值在震中西南和东北方向的龙门山断裂带上呈双环形分布，震中西南方向两条断裂带交汇部位异常幅度最大（图 3-13，图 3-14），与 2008 年 5 月长波辐射涡度变化场异常分布特征一致（图 3-5）。

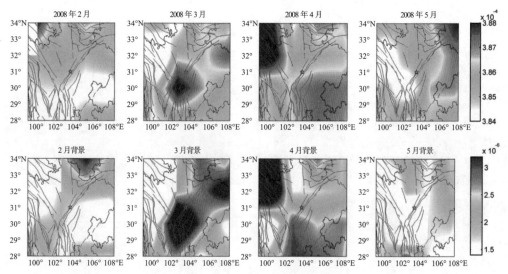

图 3-11　2008 年 2—5 月月平均（上）及背景场（下）CO_2 体积混合比变化

（红星和线条分别表示震中和断层，黑色线条表示省界，下同）

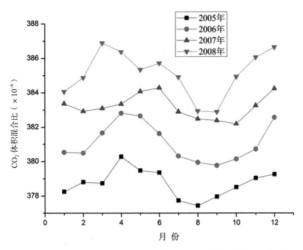

图 3-12　2005—2008 年月平均 CO_2 体积混合比变化

更短尺度的 8 天平均 CH_4 总量异常变化显示了汶川地震相关的 CH_4 释放过程。2008 年 3 月零星散布于断裂带附近，4 月 10 日 CH_4 异常极大值开始集中，5 月 12 日异常范围最大，并集中在震中附近，沿龙门山断裂带东北向异常面积减小，5 月 20 日异常范围减小，之后减弱（图 3-14）。

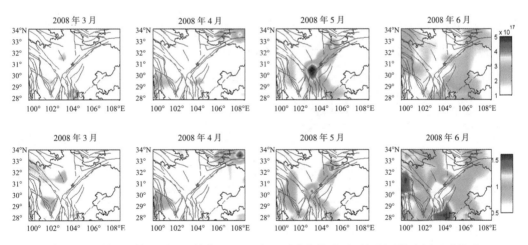

图 3-13　利用差值法（上，单位 mol/cm²）和异常指数法（下）得到的汶川地震前后
CH_4 总含量异常变化

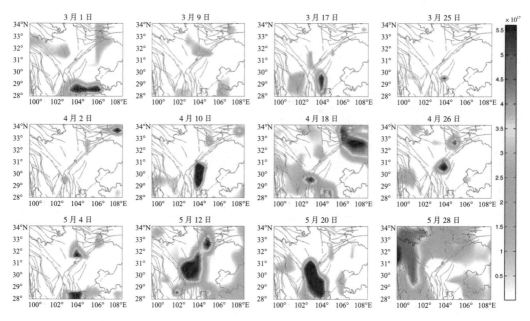

图 3-14　2008 年 3—5 月去背景场 8 天平均 CH$_4$ 总量变化（单位：mol/cm²）

3）CO 异常特征

AIRS CO 数据分析显示汶川地震发生当月出现 CO 异常，且强异常集中在震中附近，异常幅度达到最大约 $6.0 \times 10^{16}\,\text{mol/cm}^2$，呈外低内高环形分布，弱异常受龙门山和荥经–马边断裂带控制（图 3-15）。从短临尺度来看，CO 异常从 3 月 9 日开始，4 月 10 日最明显集中于四川盆地，之后消失，直至 5 月 12 日汶川地震发生，异常再次出现且沿断裂带分布，后减弱至 5 月 20 日并集中于震中位置，5 月 28 日消失（图 3-16）。

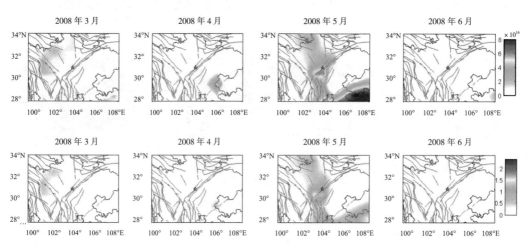

图 3-15　利用差值法（上）和异常指数法（下）得到的汶川地震前后 CO 总含量异常变化

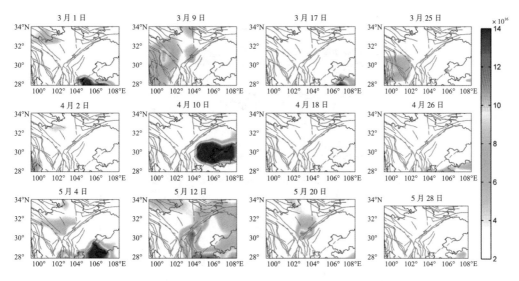

图 3-16　2008 年 3—5 月去背景场 8 天平均 CO 总量变化（单位：mol/cm²）

3.1.1.5　InSAR 形变观测

1）同震形变场获取

利用 128 景 ALOS PALSAR Level 1.0 级原始数据（表 3-1、图 3-17）获取汶川地震同震形变场。数据格式为 FBS/FBD，HH/VV 极化，外部 DEM 采用 SRTM3′，SRTM3′ 山区存在的数据漏洞利用 SRTM30′ 数据进行填补。

由于汶川地震形变区大，一个条带数据远远不能覆盖，而且地震破裂带附近存在失相干现象，破裂带两盘的形变特征相反，干涉条纹存在不连续的现象。因此，数据处理的思路是先以地表调查的破裂带为分界线，将同一条带的 8 景 SAR 图像按断裂南北两盘分开并分别进行干涉处理，最后再将南北两盘地震干涉形变场进行拼接，生成最终的形变场图像（图 3-18）。

表 3-1　汶川地震 ALOS PALSAR 数据

轨道号	编号	主图像		辅图像		垂直基线	时间基线
		日期	模式	日期	模式	(m)	（天）
470	580-650	2007-02-09	FBS	2008-06-29	FBS	−73	495
471	580-650	2008-02-29	FBS	2008-05-31	FBS	78	92
472	580-650	2007-01-28	FBS	2008-06-17	FBS	205	506
473	580-650	2008-02-17	FBS	2008-05-19	FBS	217	92
474	580-650	2008-03-05	FBS	2008-06-05	FBS	282	92
475	580-650	2007-06-20	FBD	2008-06-22	FBS	−34	364
476	580-650	2008-04-08	FBS	2008-05-24	FBS	−193	46
477	580-650	2008-04-25	FBD	2008-06-10	FBS	−75	46

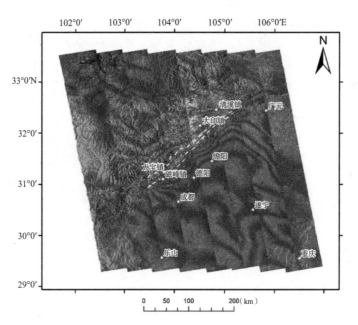

图 3-17　汶川地震同震形变场解缠后形变条纹图
（每个条纹代表 11.8cm 的 LOS 向形变量；红色实心圆圈为 M_W7.9 级地震震中；白点为城镇；
红线为地震破裂带；白色虚线区为破裂带附近的失相干区域）

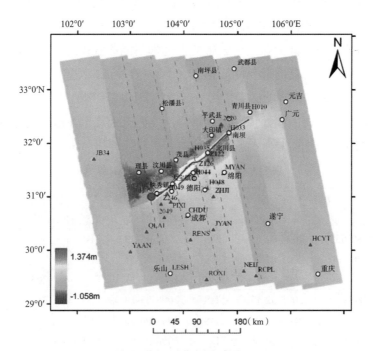

图 3-18　汶川地震同震干涉形变场解缠后形变量图
（黑色虚线为 LOS 向形变测量剖面线；橙色三角形为张培震（2008）
给出的 GPS 观测站位置，其他图例与图 3-17 相同）

2）同震形变场特征分析

整个同震形变条纹沿 NE 向地震破裂带呈包络分布，整体上平行于地震破裂带。形变带南起映秀以南，北至青川以北，总长度约 300km，主要集中在距离地震破裂带宽约 19～100km 的范围内。靠近地震破裂带形变条纹越密集，形变梯度越大；远离地震破裂带形变条纹宽疏，形变梯度变小。北川、映秀、茂县、平武、绵竹、都江堰等处于西北盘与东南盘的强烈形变条纹梯度内，这些地区遭受到严重的破坏。德阳、锦阳以及成都以南至自贡、内江一带虽然整体上呈视线向隆升（缩短）形变，但形变条纹梯度较小。另外，同震形变条纹往南已经影响到乐山、自贡、内江、重庆等城市，造成汶川断裂带以东广泛地区的强烈有感。

地震破裂带两侧存在着一定范围的形变条纹模糊区（弱相干性），表现为条纹不清晰甚至丢失，与地表破裂带附近的强变形、山体滑坡、泥石流等造成的 SAR 图像去相干有关。模糊区在北川以南的宽度范围明显大于北川以北，与北川以南存在两条近似平行的地表破裂带——虹口—清平破裂带与汉旺—白鹿破裂带，而北川以北只存在一条地表破裂带——北川—南坝破裂带相对应。模糊区的宽度与长度和地表破裂带的宽度与长度呈正相关关系。

拼接后整个形变场最大沉降（拉伸）形变量为 –1.058m，最大隆升（缩短）形变量为 1.374m。但是，由于地震破裂带附近的失相干影响，造成沿地震破裂带附近无法获取准确的干涉形变量信息，所以现在统计的最大形变量只是 InSAR 所能观测到的最大干涉形变量，并不能代表汶川地震造成的最大干涉形变量。

同震形变条纹从西南端映秀镇至东北端的青川，呈现形变条纹空间分布范围逐渐缩小的特征，映秀镇形变条纹宽度约 100km，而青川形变条纹宽度仅约 19km。这与汶川地震从震中映秀开始沿 NE 向地震破裂带往北破裂过程中能量逐渐衰减有关。

471 条带条纹明显与其他条带的条纹不连续，在青川以东存在 1 个隆升形变中心，最大隆升形变量可达 55.3 cm，在地理位置上与 5 月 25 日右旋走滑型青川 $M_S6.4$ 余震（32.6°N，105.4°E）的位置一致。一方面，由于 471 条带距 $M_W7.9$ 主震距离超过 240km，另一方面，地震科考在青川县附近并没有找到明显的地表破裂证据（为推测破裂），因此，可以推测 $M_W7.9$ 主震形成的同震形变场在 471 条带上并不占据主导地位，471 条带上的形变条纹极有可能是强余震与大气延迟两者相互作用的叠加。

3.1.1.6　GNSS 形变观测

如龙门山断裂带周边地区的现今地壳运动速度场（如图 3-19a）所示，由于青藏高原地壳物质东流受到东边刚性四川克拉通的强烈阻挡，下地壳物质转而分别向南侧和北东向运动。然而，作为四川盆地与青藏高原碰撞前沿的龙门山断裂带，断裂两侧的地壳水平运动差异并不明显，反而是在龙门山断裂带西北侧 150km 之外的地区（龙日坝断裂带）存在一个较明显的右旋剪切带。2008 年之前该区域内仅存在少数陆态网络 GNSS 区域站，且仅进行了 4 期（1999、2001、2004 和 2007 年）流动观测，每期观测持续约 4 个 UTC 日。由于 GNSS 技术在垂向的绝对定位精度较差（约 10mm），且地壳在垂直方向往往存在幅度可达 20mm 的周年运动，难以利用有限的流动 GNSS 观测获取准确的 GNSS 台站垂向运动趋势。因此，震前人们并未关注龙门山断裂带附近的地壳垂向运动，从而低估了该地区的地震危险性。从垂直于龙门山断裂带的震前地壳缩短速率（图 3-19b）来看，四川盆地与龙门山断裂带西北侧 200km 范围内的巴颜喀拉地块的地壳水平缩短速率仅为 1~2mm/a，远小于周边一些快速滑动的断裂带，例如鲜水河断裂带、龙日坝断裂带等。然而，从地壳垂向运动来看，巴颜喀拉块体震前正处于抬升，尤其是在临近龙门山断裂带西北侧的地区，大部分 GNSS 台站的垂向抬升速率可达 4mm/a，但这一情况在震前并未引起人们的广泛关注。在四川盆地内，GNSS 台站大部分表现出下沉趋势，可能是受到平原区抽取地下水造成的地面沉降的影响（与华北平原的情况类似）。

2008 中国汶川 M_W7.9 地震的同震水平位移场、垂直位移场（图 3-20）与震间形变相符，在震中附近，主要是逆冲运动，在龙门山断裂的东北段，同震位移转换为右旋走滑运动。

3.1.1.7 小结

前述分析结果显示，卫星红外监测及卫星电磁场探测均显示汶川地震前 1 个月内有明显增强信号，电离层等离子体异常则集中出现在震前 1 周内，多种探测技术均更有利于监测地震短临阶段的异常扰动。为能够概括该地震孕育发展全局，我们收集了国内外关于该地震的前兆研究结果，一并讨论总结。

张希等（2008）利用 2004—2008 年的 GPS 水平运动观测资料分析显示，2004—2007 年，龙门山中央断裂两侧有明显压性变化与阶段性应变积累特征，反映了 3 年以上的能量积累过程。祝意青等（2009）研究了龙门山断裂带重力变化，发现 2001—2004 年和 2004—2007 年重力变化十分剧烈，反映了自西向东重力逐渐增大或减小的有序性区域重力异常剧烈变化，龙门山断裂带出现的重力变化高梯度带反映了汶川地震孕育发生过程中龙门山断裂带构造活动活跃。

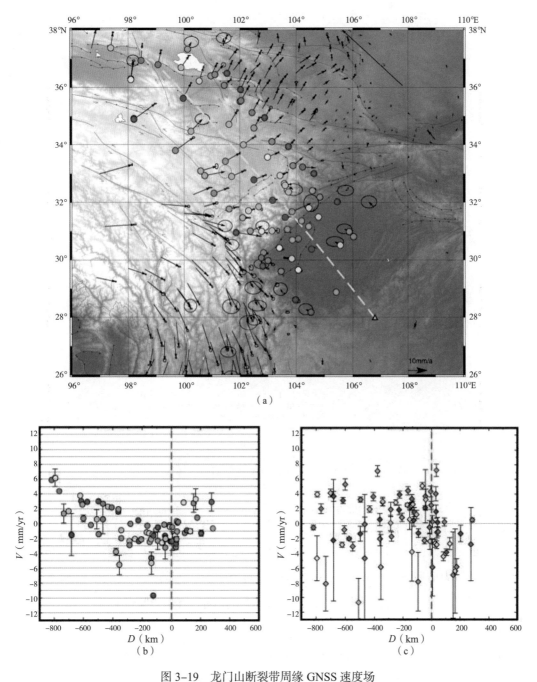

图 3-19　龙门山断裂带周缘 GNSS 速度场

（a）相对于四川盆地的 GNSS 水平速率，误差椭圆代表 95% 的置信度；
（b）沿垂直于龙门山断裂带的剖面线（图（a）中的黄色虚线）方向的
GNSS 速率分量，即垂直于断裂的地壳拉张（或挤压）速率；（c）沿剖
面线方向的 GNSS 垂向速率

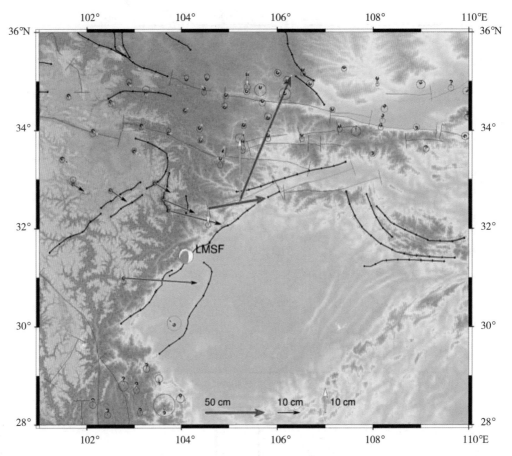

图 3-20　2008 年汶川 M_W7.9 地震的 GNSS 同震位移场
实心箭头为水平位移，空心箭头为垂向位移，黑色实线为断层线，
震源机制取自 Global CMT（http://www.globalcmt.org/）

Zhang et al.,（2011）总结了汶川震前以电磁观测为主的多种探测手段及其异常分析结果，认为前兆异常可反映汶川孕震过程的四个阶段：其一为应变加速积累阶段，以 GPS 观测、地下视电阻率快速下降为主，异常持续时间超过 2 年以上；其二为闭锁阶段，2007 年 9 月至 2008 年 1 月，汶川震区无一次 M_L2.5 以上地震发生，而且无前兆异常出现在该阶段；其三为应力解锁或者岩石扩张阶段，自 2008 年 2 月开始，近震中区地电阻率观测开始转折恢复，同时长波辐射异常开始出现并存在区域扩张现象，该阶段，岩石微破裂增多，地基超低频电磁辐射也开始增强，并出现在相当大的范围内；其四是临震阶段，自 4 月 26 日开始，电磁前兆的数目和强度都达到新高，而且汶川地震前 3 天即 5 月 9 日，地基与空基地磁异常同步出现，反映地震即将来临，电离层异常可作为该阶段判识的重要指标。

以上分析结果显示，不同前兆异常并不出现在地震孕育过程的所有阶段，而是各有侧重，地基探测偏重于年尺度以上的趋势异常，对应力积累过程更为敏感，而红外、高光谱气体、电磁异常多为短临变化，以几个月至几天的异常信号为主。观测的地球物理、地球化学参量越多，才更有可能了解和构建孕震过程的全貌，若采用单一手段，异常很容易在某一阶段消失而降低其实际预测效能，汶川孕震区是中国各类地基和空间地球物理、地球化学场观测比较全面的地区，也为我们清晰构建整个孕震和发震的过程提供了丰富的资料支撑。

3.1.2　2009 年 4 月 6 日意大利拉奎拉 $M_w6.3$ 地震

3.1.2.1　盖层 – 大气层多参数异常

1）数据处理

针对拉奎拉地震选取了盖层与大气层中四个水热参数开展异常识别，分别为 EAR-Interim 地下 0 ~ 7cm 土壤层湿度与温度与 NCEP-FNL 近地表 2m 温度、整层柱状大气可降水量。提取出 2000—2009 年震前两个月同期的震中像元参数值，计算背景年（2000—2008 年）均值与标准差，以 $\mu+n\sigma$ 为阈值上限进行长时间序列异常识别。同时，提取出背景年中地震活动率最低的 2006 年同期震中像元数值，用以比较与发震年的差异。空间上，逐像元绘制了发震年与背景年历史同期均值的差值图像以调查上述四个参数的时空演化特征。经过初步的数据处理与误差检验，发现 06:00（UTC）时刻的多参数异常比其他三个时刻更显著，因此，以下 ERA-Interim 与 NCEP-FNL 同化资料参数统一选择 06 时数据显示。

同时，为了调查实地的热异常波动以支持地表潜在的耦合效应，还收集了地基监测站的气温与气溶胶（AOD）数据进行时间序列补充。其中，气温数据选自拉奎拉气象站（站点坐标：42.22ºN、13.21ºE，高程：680m），AOD 数据选自 AERONET 罗马监测站（站点坐标：41.84ºN、12.65ºE，高程：130m）。通过拉奎拉气象站的气温数据提取常规的日均值、最大值与最小值时间分布。对于罗马站点的 AOD 数据，由于其每日记录的数据量存在较大差异，因而采用 5% ~ 95% 百分位数统计方法进行数据处理。

2）多参数异常识别

首先，从时间序列来看，2006 年与 2009 年 3—4 月的震中土壤层湿度曲线均呈逐渐下降趋势。但是，2009 年拉奎拉主震前的土壤层湿度具有 5 个超过 $\mu+1.5\sigma$ 阈值的异常时间点，最大值出现在 3 月 5 日，见图 3–21（a）。同时，在土壤层温度逐渐升高的背景下，仍在 3 月 30 日出现显著的异常突增变化，该峰值也是所在月份内的最大值

（283.3K）。尽管土壤层湿度在 3 月 29、31 日的异常偏离度低于之前两个异常时间点，但值得注意的是这两天与土壤层温度的 3 月 30 日异常时间具有准同步性，见图 3-21（b）。这意味着震中像元内土壤水分含量与温度在 3 月底几乎同时出现异常变化。实际上，盖层中的土壤层是物质与能量从岩石圈到大气层传输过程中不可回避的重要层界，因而土壤的水热特性在孕震过程中受到扰动是很可能的。另一方面，与 2006 年整层大气可降水量相对稳定的波动相比，震前整层大气可降水量则在 3 月 29—31 日出现显著的峰值异常。其中，3 月 29 日的最大值超过 $\mu+2\sigma$ 背景临界阈值 8.97 kg/m²，见图 3-21（c）。整层大气可降水量参数代表了整层柱状大气的总水汽含量，这说明地表与大气层的湿度收支也存在一定程度的扰动。此外，作为盖层中观测热变化最直接且代表最终态的近地表温度，在 3 月 29 日至 4 月 1 日期间也出现了连续异常变化。除 4 月 1 日以外，其他异常时间点的震中像元近地表温度均超过 $\mu+2\sigma$ 背景临界阈值，见图 3-21（d）。与其他已有异常参数比较，认为拉奎拉地震震前多圈层参数异常准同步时间窗口很可能是在 3 月 29 日至 4 月 1 日。

其次，通过绘制发震年与背景年历史同期均值的差值图以进一步调查盖层 - 大气层水热参数的时空演化特征。如图 3-22（a）显示，2009 年 3 月 29 与 31 日的土壤湿度异常升高区域恰好位于拉奎拉盆地，震中栅格中心差值超过 0.036m³/m³。相反，2006 年同期空间形态则是以意大利中部陆地上正常的一致性低值为特征，见图 3-22（b），暗示了震前接近地表的最上层土壤湿度在孕震区内突然升高。尽管更强的土壤湿度异常同时大面积出现在意大利北部，但由于其空间位置远离意大利中部构造区，应与此次地震无关。不同于土壤湿度，土壤温度在 3 月 30 日出现的异常区域主要位于震中的西北部，覆盖 Olevano-Antrodoco 大型逆冲断裂，尤其是穿越该断裂的南部异常条带非常显著，见图 3-23（a），且这一异常形态并未在 2006 年同期出现，见图 3-23（b）。通过检查震中区拉奎拉气象台站的气象数据，可以排除土壤湿度与土壤温度的震前特殊时空演化是由大气降水所致（图 3-24）。由于土壤水分的变化会促进温度的变化，因而，出现土壤温度异常相对湿度异常滞后一天的结果是可能的。

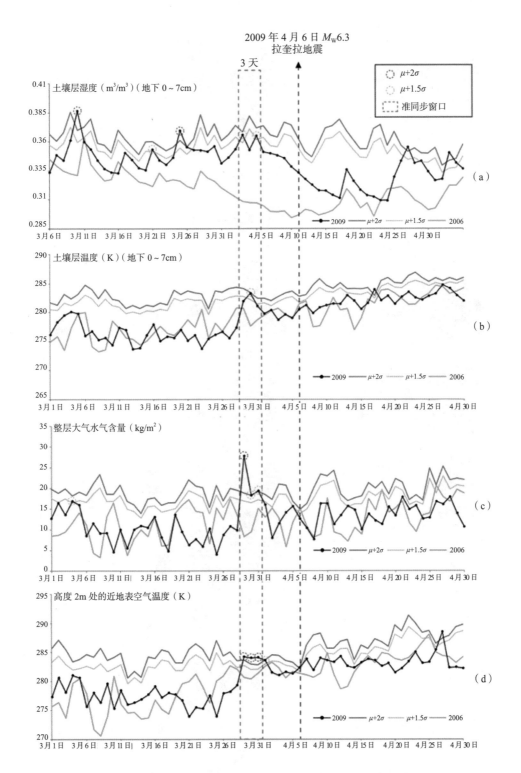

图 3-21　2009 年 3 月至 4 月 06 时与历史同期震中像元土壤层湿度 1 级（地下 0～7cm）、土壤层温度 1
级（地下 0～7cm）、整层大气水气含量与高度 2m 处的近地表空气温度时间序列

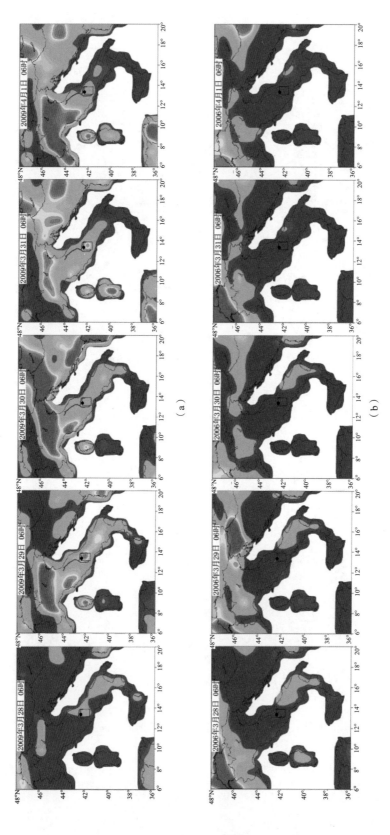

图 3-22　2009 年 3 月 28 日至 4 月 1 日的 06 时 (a) 与 2006 年同期 (b) Δ 土壤层湿度（地下 0～7cm）空间分布（黑色圆点指示拉奎拉地震震中，黑色方框指示震中像元，红色线条表示区域相关逆冲断裂）

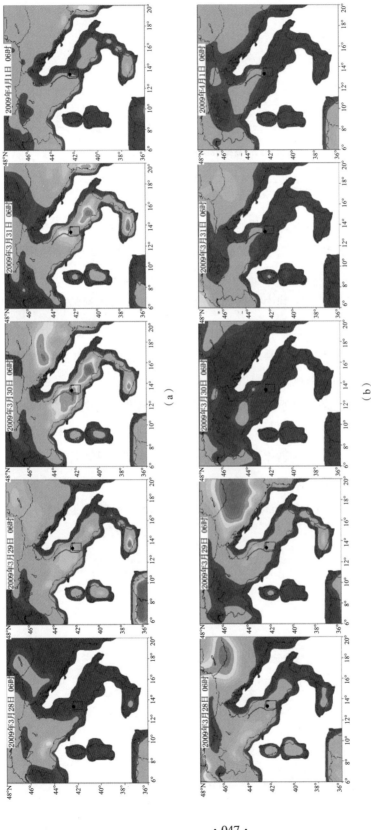

图 3-23　2009 年 3 月 28 日至 4 月 1 日的 06 时 (a) 与 2006 年同期 (b) Δ 土壤层温度（地下 0～7cm）空间分布
（黑色圆点指示拉奎拉地震震中，黑色方框指示震中像元，红色线条表示区域相关逆冲断裂）

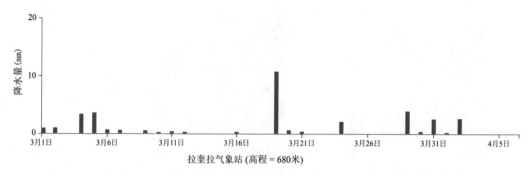

图 3-24　拉奎拉气象站点 2009 年 3 月 1 日至 4 月 6 日大气降水日均记录

　　土壤层温湿度发生异常变化后，具有更开放空间的地表与大气层的水热转换会更加显著。经历了数日意大利全境大气可降水量平静期后，于 3 月 29 日突然增强，随后又迅速回落至与 2006 年同期一致的正常水平（图 3-25）。很明显，3 月 29 日的大气可降水量空间异常覆盖了包括意大利中部及周边海域在内的大范围区域，但仍可观察到相对较弱的圆形异常场包围拉奎拉盆地并沿东南方向伸展，图 3-25（a）。认为 3 月 29 日大范围的强海 – 气相互作用可能掩盖了区域性水汽异常信号。此外，2009 年 3 月的低降水量也意味着大气可降水量异常增量并非来自降水的贡献。2006 年意大利中部的近地表温度正常空间特征是略高于海面且明显低于意大利北部，图 3-26（b）。然而，2009 年 3 月 28 日与 30 日出现的近地表温度空间异常区则主要位于震中西北的山间地区，图 3-26（a）。总体上，上述四个参数主要的异常时空特征是 3 月 29 日至 31 日出现于拉奎拉盆地或震中西北山间地区。因此，可以推断意大利中部的区域地形（亚平宁山脉与拉奎拉盆地）、构造（Olevano-Antrodoco 与 GranSasso 大型逆冲断裂）很可能是异常空间形态的控制因素。

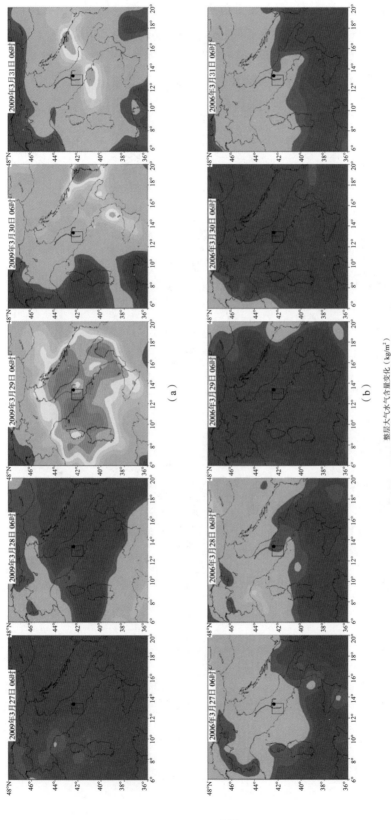

图 3-25 2009 年 3 月 27—31 日的 06 时 (a) 与 2006 年同期 (b) Δ 整层大气水气含量空间分布
（黑色圆点指示拉奎拉地震震中，黑色方框指示震中像元，红色线条表示区域相关逆冲断裂）

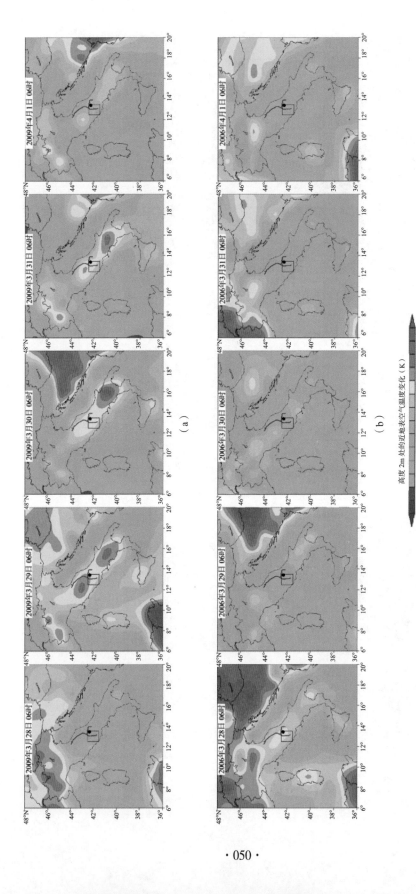

图 3-26　2009 年 3 月 28 日至 4 月 1 日的 06 时 (a) 与 2006 年同期 (b) Δ 高度 2m 处的近地表空气温度空间分布

（黑色圆点指示拉奎拉地震震中，黑色方框指示震中像元，红色线条表示区域相关逆冲断裂）

　　地基站点监测结果显示，拉奎拉气象站点气温日均值、最大值与最小值均在 2009 年 3 月 29—30 日达到峰值（图 3-27）。三个可见光波段的 AOD 数据同期变化则显示出三个异常增大时间窗口，分别为 3 月 16 日、30 日与 4 月 3—6 日，图 3-28（a）。可见，地基观测的气温与 AOD 异常变化时间也与上述四个盖层–大气层同化资料参数具有准同步性。尤其是 AOD 参数，以 532nm 波段为例，在三个异常时段则分别到达 0.36、0.31 与 0.46，但其他数值则基本保持在代表晴空的 0.07～0.26 更低水平，图 3-28（b）。尽管 AERONET 罗马站距离震中较远且 AOD 异常数值增幅也较弱，但从时间准同步性来看，AOD 地基观测结果对拉奎拉地震异常研究仍具有一定的参考价值。众所周知，大气中的二次有机气溶胶生成主要来源于硫化物（SO_2）、氮化物（NOx）与臭氧（O_3）等气态前体物的光化学反应（Janson et al., 2001；Rickard et al., 2010）。而甲烷（CH_4）与一氧化碳（CO）的光氧化反应又会生成臭氧（Crutzen, 1974；Dentener et al., 2006），有关拉奎拉地震期间 CH_4 含量升高与排出的报道显示可能存在异常升高的 O_3 前体物（Quattrocchi et al., 2011；Voltattorni et al., 2012）。因此，AOD 异常的增加有可能是来源于以异常含量 CH_4 生成的光化学产物 O_3 为前体物，进而产生的二次有机气溶胶颗粒。

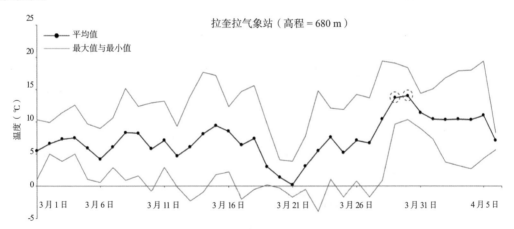

图 3-27　拉奎拉气象站点 2009 年 3 月 1 日至 4 月 6 日气温日均值、最大值与最小值记录

3）认识

　　基于上述盖层–大气层水热参数异常变化的时序分析与差值图像空间演化分析，总结出以下多参数异常性：

　　（1）3 月 29 日至 31 日（震前 6～8 天）是拉奎拉地震震前多参数异常的准同步时间窗口，各参数之间存在 1 天左右的差异；

　　（2）异常空间基本上都集中于震中东南部的拉奎拉盆地（土壤湿度与大气可降水量）

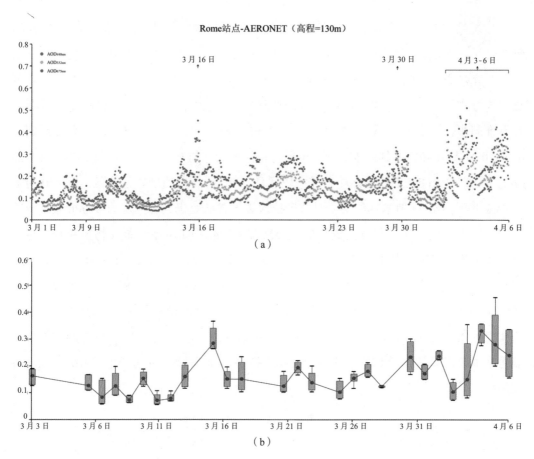

图 3–28　AERONET Roma 站点 2009 年 3 月 3 日至 4 月 6 日 440nm、532nm 与 675nm 三波段 AOD 时间序列分布 (a) 与 AOD532nm 日均值、最大值及最小值 5%～95% 百分位箱线图 (b)

或震中西北部的亚平宁中部山脉（土壤温度与近地表大气温度）；

（3）上层土壤水热变化（土壤湿度与土壤温度）的空间迁移能够反映出异常物质与能量从岩石圈至盖层发生了重组与重分配；

（4）近地表气温增温的空间分布与土壤温度一致，说明意大利中部的盖层至大气层热量传输过程相对稳定且受区域构造控制；

（5）尽管 3 月 29 日拉奎拉地区异常增加的可降水量空间特征被周边更大范围的高值区所掩盖，但是仍可发现拉奎拉盆地中心具有一个弱的圆形异常场，这一结果可能表明大气中的气、液态水受到土壤层结构（含水层）与地表地形因素的影响；

（6）地基观测的气温与 AOD 异常变化时间佐证了多参数的准同步性，气溶胶异常对证明大气层—电离层耦合过程具有重要参考价值。

3.1.2.2　电离层异常

Tsolis 与 Xenos 曾针对两个孕震区（震中 511km 半径范围）内接收电离层 foF2 信

号地面台站数据（Rome、San Vito 站）与一个区外台站数据（Athens 站），采用一种交叉相关分析法（the cross correlation method）进行异常识别（Tsolis et al., 2010）。其交叉相关分析假设：在无震时期，两个相近台站数据（太阳活动影响相似）的相关系数高，而当地震发生时，靠近震中区或在孕震区内的台站数据与其他两个台站数据的相关系数会明显降低。结果显示 Rome 站确有明显异常，时间在 3 月 16 日（震前 22 天）与 4 月 5 日（震前 1 天），可能与此次地震相关（图 3-29）。同时，Akhoondzadeh 等识别出 TEC 异常变化在 4 月 2、4 日（Akhoondzadeh et al., 2010），说明拉奎拉地震震前电离层异常多参数在 4 月 4—5 日具有准同步性。

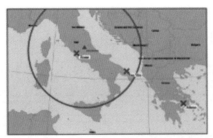

（根据罗马 – 雅典、圣维托 – 雅典和罗马 – 圣维托两两台站间的相关系数绘图）

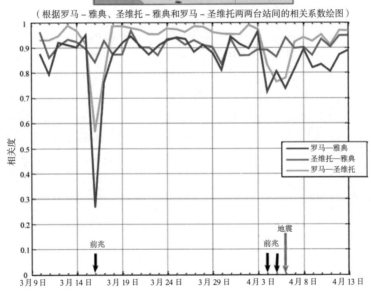

图 3-29　三个台站 foF2 信号交叉相关系数时间序列分布 (Tsolis et al., 2010)

3.1.2.3　小结

拉奎拉地震发生后，涌现出大量相关的前兆异常报道。其异常参数包括热特性、电磁场、气体排放以及地震活动性等诸多方面（Tsolis et al., 2010；Akhoondzadeh et al., 2010；Pulinets et al., 2010；Bonfanti et al., 2012；De Santis et al., 2011；Eftaxias et al., 2010；Genzano et al., 2009；Gregori et al., 2010；Lisi et al., 2010；Papadopoulos et al., 2010；Pergola et al., 2010；Piroddi et al., 2012；Plastino et al., 2010；Rozhnoi et al., 2009）。以卫星红外异常为例，利用一种自适应鲁棒技术（Robust Satellite Technique，RST），研究人员发现 AVHRR、EOS-MODIS、MSG-SEVIRI 等多源卫星传感器均存在 TIR 异常现象，时间上都具有准同步性，空间上或覆盖震中或具有与意大利中部构造相关的线性特征（Genzano et al., 2009；Lisi et al., 2010；Pergola et al., 2010）。Piroddi 与 Ranieri 利用 Meteosat 卫星反演的地表温度数据，采用一种逐像元的补窗线性回归方法计算出夜间热红外梯度（Night Thermal Gradient，NTG）参数，发现 3 月 29 日— 4 月 6 日之间出现 NTG 热异常，尤其是 4 月 2 日最明显（Piroddi et al., 2012）。统计的多参数异常如表 3-2 所示，部分多参数异常显示出时间准同步性，且这些参数分属于不同地球圈层，这些变化揭示了孕震期岩石圈—大气层—电离层耦合现象。

表 3-2　拉奎拉地震相关的已有多参数异常信息

参数	异常发生时间	所属地球圈层	文献来源
声发射	3 月 4 —5 日	岩石圈	(Gregori et al., 2010)
地震活动率	3 月 27 日至 4 月 6 日	岩石圈	(Papadopoulos et al., 2010)
b 值	3 月 27 日	岩石圈	(Papadopoulos et al., 2010)
b 值熵	3 月 31 日至 4 月 6 日	岩石圈	(De Santis et al., 2011)
低频无线电波	3 月 31 日至 4 月 1 日	岩石圈	(Biagi et al., 2009)
超低频地磁信号	3 月 11 — 20 日	岩石圈	(Prattes et al., 2011)
超低频地磁信号	3 月 29 日至 4 月 3 日	岩石圈	(Eftaxias et al., 2010)
超低频地电信号	4 月 1 日开始	岩石圈	(Rozhnoi et al., 2009)
CO_2	3 月 31 日开始	盖层	(Bonfanti et al., 2012)
氡气	3 月 30 日开始	盖层	(Pulinets et al., 2010)
地下水中的铀元素	3 月初开始	盖层	(Plastino et al., 2010)
陆地表面温度	3 月 29 日开始	盖层	(Piroddi et al., 2012)
热红外辐射	3 月 30 日至 4 月 1 日	盖层 / 大气层	(Lisi et al., 2010)
热红外辐射	3 月 30 —31 日	盖层 / 大气层	(Genzano et al., 2009)
热红外辐射	3 月 30 日	盖层 / 大气层	(Pergola et al., 2010)
F2 层临界频率	3 月 16 日，4 月 5 日	电离层	(Tsolis et al., 2010)
总电子含量	4 月 2、4 日	电离层	(Akhoondzadeh et al., 2010)

3.1.3　2010 年 2 月 27 日智利 M_W8.8 地震

3.1.3.1　卫星等离子体观测

基于法国 DEMETER 卫星数据，在识别 2 级图像的基础上，对 1 级数据进行滑动中值处理、纬度变化分析以及空间差值分析，发现 2010 年 2 月 27 日智利 8.8 级地震震前震中区上空附近电离层有异常变化：20 日距离震中 1500km 处电子浓度升高，24 日电子浓度降低；25 —26 日电场、磁场及部分等离子体参量呈现同步扰动；26 日 2 条轨道的电子浓度值出现高于背景值的异常；27 日震前 4 小时在磁赤道附近出现电场频谱下降，等离子体参量强烈扰动的现象（图 3-30）。

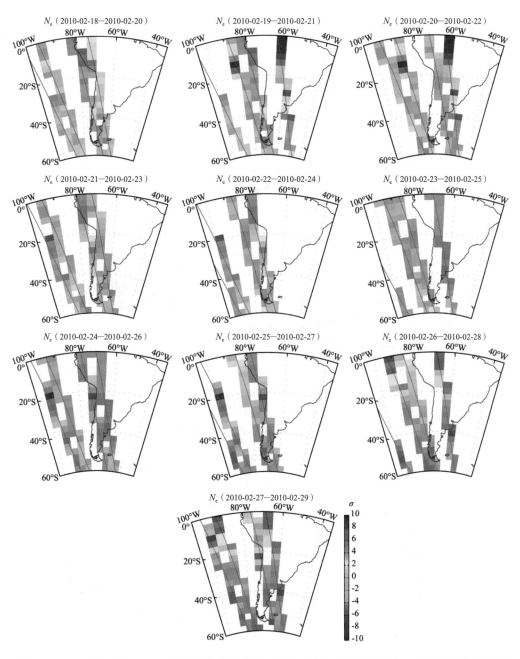

图 3-30　2010 年 2 月 18 —28 日电子密度差值图 (图中绿线为卫星飞行轨道，红圈代表震中位置)

3.1.3.2 卫星极低频电场扰动

在智利 8.8 级地震当天，震前 4.5h 左右该轨道经过震中上空，距离震中 1400km。在震中以北赤道及其两侧电子密度和氧离子密度急剧增加，离子温度呈台阶式增长。同时，在近赤道区出现了一定尺度的电场扰动，扰动主要集中在 20 ~ 125Hz 范围内，电场功率谱密度高于 $10\mu V^2 m^2/Hz$，相对其南北两侧增加两个数量级以上（图 3–31）。

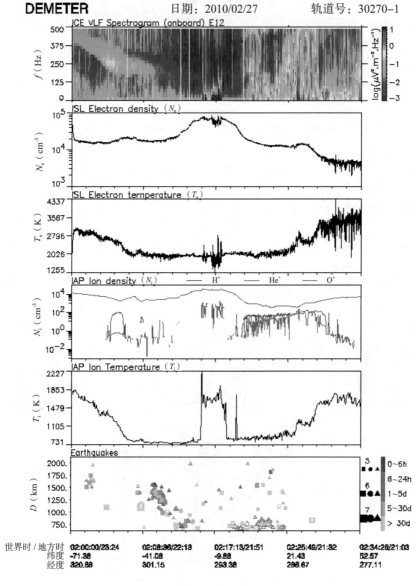

图 3-31　DEMETER 卫星记录到智利地震当天（2010-2-27）经过震中上空的
30270 轨道多参量扰动异常

为研究该次地震前极低频异常的时空演化特征，收集了震前 1 周的夜间全球轨道数据，提取分析了该类电磁扰动信号（图 3-32）。发现智利 8.8 级地震前，异常首先出现在震中区外围；然后在震前 1 天或者震前几个小时向震中区移动；震后异常消失或者出现概率下降。图 3-32 给出了智利地震前电场异常信号的空间图像。结果显示：2 月 24—25 日，异常出现地震震中的东部；26 日异常基本消失；27 日，异常出现在距离震中最近的轨道上，分布在 11°～16°S 范围内，电场异常值也达到最大；2 月 28 日异常减弱，并向外围扩散；3 月 1 日异常消失，地震活动也逐渐减弱。

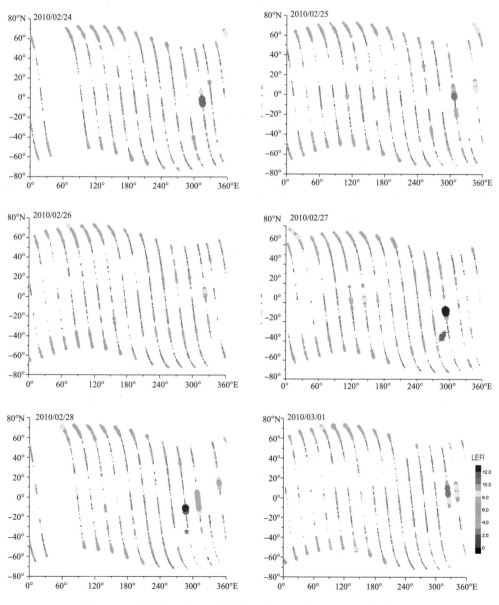

图 3-32　2010 年 2 月 27 日智利 8.8 级地震前后电场异常空间分布图

3.1.3.3　小结

2010 年 2 月 27 日智利 M_W8.8 地震是安第斯大逆冲型俯冲带的一部分区段破裂，该区段被认为具有极高的潜在地震危险性，此次地震是俯冲带内一个长期地震空区发生破裂的一次最大地震，在此之前，一个密集型空间大地测量台网对该俯冲带进行了监测。Marcos et al.（2010）利用 1996—2008 年 GPS 观测结果揭示此次地震前孕震区几乎处于完全闭锁状态，其西侧海岸向陆地的地表运移速度达到 30mm/a。

陈梅花等（2011）使用卫星遥感探测的地球表面潜热通量数据研究了智利地震前的潜热通量时空演化过程，发现智利 8.8 级主震前出现两次明显的潜热通量异常，一次在震前 1 个月，主要分布在震中及其东南陆地，一次出现在震前 7 天，异常区在震中西南海域，指向俯冲带。异常有从弧后向俯冲带迁移的特征，同时当陆地出现潜热通量异常时会伴随地表温度异常。而本节中讨论的卫星电磁电离层观测异常出现在智利地震前 10 天左右，相对其他电磁异常扰动时间较长，且显示有从外围向震中迁移的空间发展特征。

本次地震虽然研究结果较少，但整体地震孕育时间框架与其他地震仍保持相似，由于震级较大，孕震时间较长，GPS 观测可以反映长期的应变和能量持续积累过程；至震前几个月，卫星红外异常开始出现，本次地震红外异常相比其他地震的出现时间更晚一些，但临震阶段电磁异常的持续发展时间周期却比较长，同时震前几天也伴随了红外异常在震中区的空间集中，二者在时空分布上均显示了临震阶段异常向震中区发展的一致性特征。

3.1.4　2010 年 4 月 14 日中国青海玉树 M_W6.9 地震

3.1.4.1　VLF 观测

利用 Novosibirsk—TH VLF 电波路径研究玉树地震前后的 VLF 电波异常现象。为了获得更可靠的信息，与 DEMETER 卫星数据进行了对比研究。DEMETER 卫星数据采用了 2006—2010 年每年 4 月份的观测数据。此次研究主要使用了电磁场的功率谱密度数据。通过使用背景场的方法，提取出地震期间相对于背景场的变化特征。

研究了 2010—2014 年的场强观测，利用均值、四分位分析等方法构建了其背景趋势曲线。首先提取了 9:00—11:00 LT 的观测值。由于阿尔法导航系统每月有常规维修，因此在这个期间的观测数据需要移除。因此 2010 年 4 月 20 日以后的数据不能用来分析玉树地震异常现象。首先计算出 3 月 10 日至 4 月 19 日观测中值，定义为 $A(t)$，其次计算出 2010—2014 年的中值作为背景参考 $\overline{A(t)}$ 值。最后利用 $dA(t)=A(t)-\overline{A(t)}$ 计算出变化幅度。结果显示在 2010 年的扰动幅度相对于背景变化而言，4 月 13 日在 11.9 kHz 出现了 22%、12.6kHz 出现了 27%、14.9kHz 出现了 62% 的增强，震后这种现象消失（图 3-33）。为了进一步证实这种异常信息，利用同样方法计算了 2011 到 2014 年扰动幅度，并进行比较，结果显示除了 2010 年地震当年，其他年份未出现类似增强现象（图 3-34）。

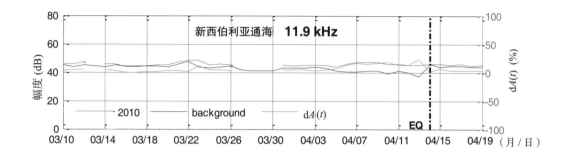

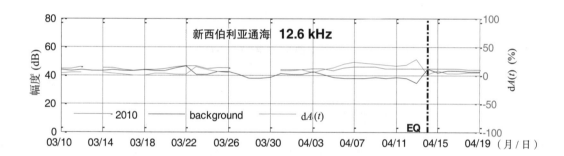

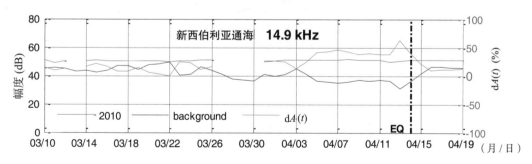

图 3-33　新西伯利亚短波无线电波道（11.9/12.6/14.9kHz）的振幅变化

蓝线表示 2010 年 9:00 至 11:00 LT 的观测值中值；黑线表示 2010 年至 2014 年观测值计算的背景值；红线表示 2010 年的扰动强度。横轴表示日期（mm/dd）；左纵轴表示 2010 年的振幅值和背景趋势；右纵轴显示 2010 年干扰强度相对于背景的百分比。垂直虚线表示地震当天（2010 年 4 月 14 日）

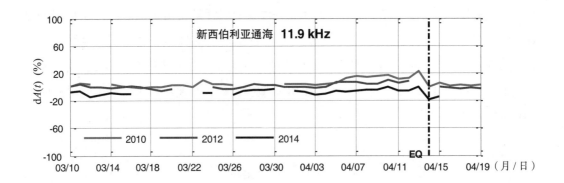

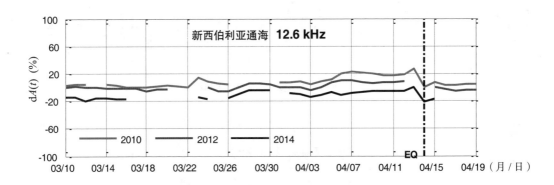

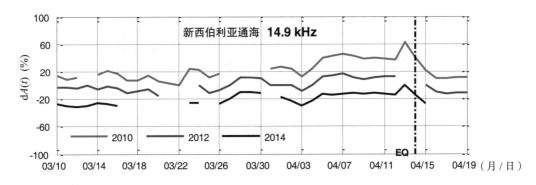

图 3-34　2010 年、2012 年和 2014 年扰动强度 d$A(t)$ 的比较

红线表示 2010 年的扰动强度，蓝线和黑线分别代表 2012 年和 2014 年的扰动强度，

垂直虚线表示 2010 年 4 月 14 日玉树地震当天

3.1.4.2　电离层等离子体参量

1）地基电离层垂测资料分析

基于中国电波传播研究所电离层垂测站资料，给出了玉树震中周边最近的 4 个站 2010 年 4 月 4—19 日期间电离层临界频率（foF2）的时间序列（图 3-35），其中重庆、昆明、拉萨位于震中南部，兰州位于东北方向。利用分析当日的前 5 日滑动中值

及四分位上下阈值，确定 foF2 是否出现异常增加或减小。如图 3-35 所示，4 月 5—8 日兰州站发生明显正相扰动，其中 6 日 15:00LT 电离层 foF2 最大值达 10.5MHz，超出四分位上阈值 17%，8 日 14:00LT—15:00LT 相对扰动达 14%，持续时间大于 2h，其他 3 个台站也存在一定扰动，但幅度小于兰州台站。通过查阅 Kp 及 Dst 指数变化，发现这段时段的扰动对应于 4—7 日的磁暴事件，因此该时段电离层扰动与地震无关。4 月 11—12 日中等磁暴期间，4 个台站的电离层扰动均不明显，但在 4 月 13 日，Kp 和 Dst 指数均恢复平静，4 个台站却出现不同程度正相扰动，重庆站和拉萨站的扰动量甚至超过了 5—8 日磁暴期间的幅度，拉萨站当日最大峰值达到 14MHz 左右，超出上限约 12%，相对中值变化为 +40%，为研究时段内最大值，在排除太阳及磁暴活动影响的情况下，认为该扰动可能与玉树地震相关。4 月 14 日拉萨站当日峰值依然超过四分位上阈值，其他台站异常消失。

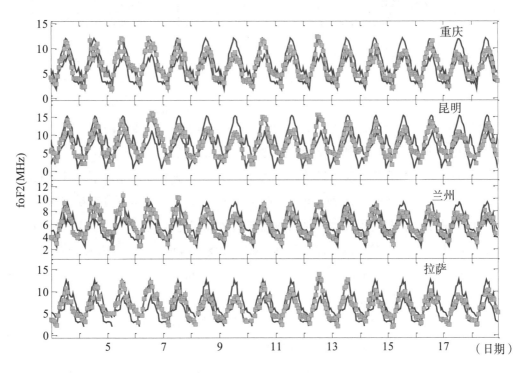

图 3-35　2010 年 4 月 4—19 日震中附近 4 站电离层 foF2 的变化
（蓝色实线是上下四分位边界，绿色方块为实测数据）

利用全国 14 个电离层垂测站 foF2 数据，生成 4 月 13 日电离层临界频率相对其前 5 日滑动中值的绝对偏差 ΔfoF2 二维分布图（图 3-36），可更加直观地反映出电离层扰动的强度及其空间分布状态。如图所示，4 月 13 日北京时间 12:00 时电离层异常分布在以昆明为中心的南部，15:00 时电离层异常向拉萨方向转移，最大异常幅度均达到 4MHz。整体而言，异常的扰动覆盖范围仍然很大，考虑到局地活动性是地震电离层扰动与空间其他因素引起的大范围电离层异常的重要区别之一，而且这次临界频率的异常扰动部分与电离层赤道峰值异常重合，受中国台站布局所限，是局地或者大区域扰动还需要更大范围资料进行佐证。

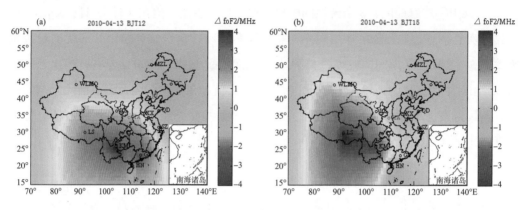

图 3-36　2010 年 4 月 13 日北京时间（BJT）12:00（a）和 15:00（b）全国电离层 △foF2 分布

2）GIM TEC 扰动分析

利用 JPL 提供的全球 TEC 数据（经纬度分辨率为 5°×2.5°），选取震中附近的 TEC 数据进行残差分析。使用前 N 天的数据建立正常参考背景的时窗长度，在此 N 天期间，取每天同一时刻的 TEC 观测值，在假设其服从正态分布的条件下，计算其均值 μ 和上下四分位点（UQ: Upper Quatile; LQ: Lower Quatile），从而建立初始参考背景模型。为可靠识别电离层异常变化，将观测值 TEC 的误差限设定为 LB=μ-1.5（μ-LQ），UB=μ+1.5（UQ-μ），这样 TEC 观测值将以 68% 的概率落到此背景区间内，将超出此区间的上（UB: Upper Boundary）下（LB: Lower Boundary）边界线且持续时间长达 2h 以上的 TEC 观测值视为异常值。

利用上述 TEC 异常提取方法分析了玉树地震前全球 TEC 扰动，结果发现，在 2010 年 4 月 1 日和 4 月 13 日玉树震中附近 TEC 均出现了显著异常增强事件。图 3-37 分别给出了 4 月 13 日和 4 月 1 日 07:00UT 时（相当于北京时间 15 时）的异常空间分布结果，为了比较 4 月 1 日和 4 月 13 日异常的空间尺度范围，选取 N=11 天进行计算，可以看到，玉树地震南部的异常在这两天均很显著，且表现为当日的全球最强值，同时其磁共轭区显示同步异常。就空间范围而言，4 月 13 日正异常范围基本分布在玉树附近经度跨度 15° 以内，而 4 月 1 日异常经度跨度往东到达日本，往西到达伊朗，跨度超过 30°。根据地震震级影响的空间范围，由公式 $R=10^{0.43Ms}$ 可计算出玉树地震的影响范围在 1300km，即 12° 左右，这与 4 月 13 日的异常范围比较吻合。需要注意的是，在驼峰最强值附近，2010 年 4 月 6 日印度尼西亚的苏门答腊附近海域（2.38°N，97.05°E），还发生另外一次地震，震级 $M_S7.8$，因此，4 月 1 日的强扰动事件可能与这次地震也存在关联。由于这次地震震级较大，电离层扰动范围也明显大于 4 月 13 日的 TEC 增强范围，但 4 月 1 日的异常范围仍然较大，作为地震扰动的信度略低，有可能是地震与赤道电离层异常综合作用的结果。正如图 3-37 所示，4 月 13 日在震中西南部仍存在两处共轭异常区，可能也是玉树地震电离层效应叠加在赤道电离层异常上引起的扩展影响。

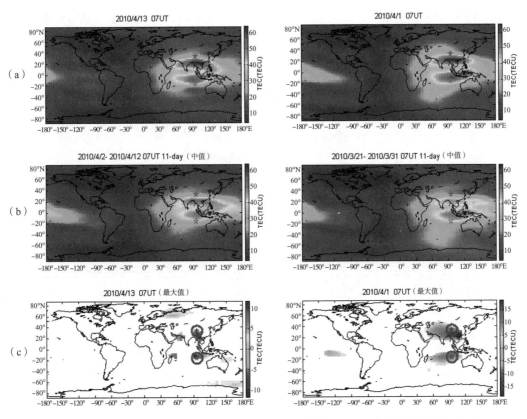

图 3-37　2010 年 4 月 13 日和 4 月 1 日 11 天滑动背景 GIM TEC 异常提取空间分布
（a）GIM TEC 原始观测；（b）滑动中值背景；（c）异常最大值累计

3）卫星探测原位等离子体扰动

为与 GPS TEC 以及电离层垂测资料进行对比，探索不同高度电离层等离子体参量的扰动特征，还收集了法国 DEMETER 卫星（2004— 2010 年期间在轨运行，飞行高度 670km）白天（10:30 LT）过境的距离震中 2000km 范围内的所有数据，在此仅对等离子体分析仪（IAP）观测的氧离子密度 [Ni（O⁺）] 参量进行分析。为避开太阳活动及磁暴等影响，剔除了 Kp 指数中显示的地磁扰动日数据，将剩余数据按观测日期先后顺序绘制氧离子密度随纬度变化的散点图。图 3–38 给出了 2010 年 1—4 月每月的氧离子密度变化情况，在此仅截取了北纬 0°~50° 区域的数据。可以看到，2 月份以后，北半球 20° 以南地区氧离子密度相对 1 月份同区域明显增强。DEMETER 卫星观测高度为 670km，该高度电离层在赤道附近一般不呈现双峰形态，而以单峰分布为主。2—4 月相对 1 月整体氧离子密度有所增强，可能存在一定的自冬季向春季过渡的季节变化特征。对比 2—4 月几次明显的高值（2 月 12 日、3 月 15 日、4 月 13 日等），最为突出的是 4 月 13 日的大幅度增强，最大超过 $8 \times 10^4 \text{cm}^{-3}$，相对 2、3 月的峰值（约 $6 \times 10^4 \text{cm}^{-3}$）增加了 33%，这条轨道是在玉树地震前 20 个小时左右记录到的，与玉树地震在时间上关联性较强，也与 GPS TEC 以及 foF2 参量出现在同一天近似的时段内彼此之间有显著的时空对应关系，反映出 4 月 13 日电离层不同高度不同观测参量呈现相对比较统一的扰动现象。

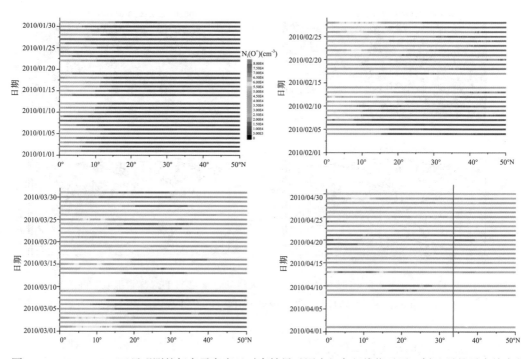

图 3–38　DEMETER 卫星观测的氧离子密度日时序结果（图中红色竖线指示了玉树地震的震中纬度）

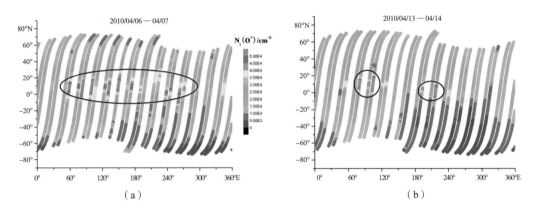

图 3-39　DEMETER 卫星在 2010 年 4 月 6—7 日 (a) 和 13—14 日 (b) 观测的氧离子密度空间分布

区分地震扰动与磁暴等活动的一个很重要的评判标准是异常是否具有局地性特征，鉴于 2010 年 4 月初磁暴活动比较剧烈，图 3-39 给出了 4 月 6—7 日地磁活动比较剧烈期间 DEMETER 卫星的观测数据与 13—14 日地磁活动平静期氧离子密度全球图像的对比。结果显示，磁暴活动期间，连续两天的轨道记录均在较大范围内记录到较强的峰值密度，异常增强经度跨度超过 200°，而玉树地震前后 13—14 日异常明显范围缩小，仅在中国区域上空 70°~120°E 范围内，说明地震前后的电离层扰动异常存在一定的局地效应，与 GPS TEC 的分析结果一致。另外，从图 3-39（b）可以看到，13—14 日 180°E 附近也有两轨异常扰动，附近并没有强震发生，这给玉树震中附近的异常判定造成了困惑，是否这些异常仍然是 11—12 日磁暴效应的后续响应，李柳元等（2011）曾利用 DEMETER 卫星观测资料统计分析了不同地磁环境下电子密度的空间分布状态，结果发现太阳磁暴活动引起的磁层向内入侵造成高纬电离层 / 磁层区域向低纬移动，电子密度普遍增大，赤道峰值向中纬区扩宽。考虑到卫星高度电子密度与离子密度分布的近似性，图 3-39 中磁暴引起的电离层变化特征与地磁活动时期电子密度的扰动特征非常接近，而 4 月 13—14 日的分布形态整体氧离子密度除赤道区域的两处增强异常外，其他区域并没有明显增加，同时高纬度地区尤其是北半球高纬地区也没有磁层侵入迹象，这与磁暴活动时期图像存在一定差异。由于 180°E 附近的赤道异常目前未能找到相邻区域地震或其他扰动源，其孕育机制还有待深入研究。

对比图 3-37 和图 3-38 的分析结果，4 月 1 日 GPS TEC 在赤道附近印度尼西亚苏门答腊地震上空及其共轭区发现了比 4 月 13 日更大范围的强异常，而 DEMETER 卫星观测氧离子密度当日并未呈现明显扰动现象（由于两次地震的经度接近，因此图 3-39 中使用的轨道可以应用于苏门答腊地震分析），因此 4 月 1 日的电离层扰动与 4 月 13 日是明显不同的。如果均采用具有全球分布特征的两种数据源来约束地震电离层异常扰动，单独选择一种参量分析时，4 月 13—14 日 180°E 区域的氧离子异常和 4 月 1 日的 GPS TEC 异常可能均与地震的关联性不大。而使用多种数据源无疑会大大降低获取的异常次数，使地震电离层异常的信度相对得到提高，但也因此会损失掉只存在于单一参量上的扰动异常，毕竟地震 - 电离层耦合机理非常复杂，地震孕育的环境背景也均存在明显差异，并不能保证每一次地震引起的电离层扰动一定会在多个参量上均有反映。鉴于地震电离层扰动时空形态的复杂性，判识电离层异常是否与地震相关还有大量的问题亟待解决。

综合以上分析结果，4 月 13 日由地基垂测观测的电离层临界频率 foF2、沿传播路径积分的 GPS TEC 和位于 670 km 高度的卫星原位等离子体参量，在地震前一天 10:00—15:00BJT 期间（玉树地震发震时间为 4 月 14 日 07:49:38BJT），电离层自下而上均出现明显的异常现象，而全球观测 GPS TEC 和卫星资料处理分析发现，这次异常有明显的局地性特征，符合地震电离层异常判定标准，因此可能与该次地震的孕育发生有一定关联。

3.1.4.3 热参量观测

1）单参量观测

通过分析 2010 年 4 月 14 日青海玉树地震前后震中区的亮温图像（图 3-40），发现在地震前 1 个月内，即 2010 年 3 月，甘孜—玉树断裂带北段和南段出现了微弱的亮温高值，在断裂带的西南方向，也出现了零散分布的亮温高值区，亮度温度在 285 K 左右；地震发生当月，甘孜—玉树断裂带北段和南段的两处亮温条带持续增强，且北段高值的覆盖面积和强度都要高于南段，断裂带西南方出现的小面积亮温高值区也呈现出北移靠近震中、面积扩大、强度增强的趋势，亮温最高值接近 290 K；地震后一个月，断裂带亮温条带南北两端的高值显著降低，特别是北段的亮温高值条带急剧衰减，衰减程度强于南段，而出现在 3 月和 4 月份断裂带西南侧的亮温高值区域也完全消失，可以看出，本月甘孜—玉树整个断裂带亮温均一，呈条带状分布。

针对 2010 年 4 月（地震发生月）甘孜—玉树断裂带显示出的亮温变化特征，重点分析了该月每 10 天晴空条件下的亮温分布情况（图 3-41）。可以看出，在 4 月 1—10 日甘孜—玉树断裂带的亮温高值出现在玉树断裂带的南北两端，位置与月际亮温图中所显示的两处亮温高值分布相同；4 月 11—20 日南北两端的亮温高值区范围扩大，且整个区域的亮温值都有增强的趋势；4 月 21—30 日断裂带的条带亮温值最高，特别是断裂带的北段以及断裂带西南一侧。可见，本次地震发震断裂带亮温的最高值出现在震后 7 ~ 16 天这一时间范围内。而本次地震水汽和 CO 变化情况的研究结果（崔月菊等，2011）显示，检测到的水汽含量和 CO 的增多都发生在震后，且震后这一时间段内水汽含量和 CO 含量均表现为上升，认为这主要是由于震后大量的地下热水汽以及 CO 沿地震产生的地表破裂带向大气扩散所致。因此，推测玉树地震震后 7 ~ 16 天出现的亮温增强可能与震后地下大量气体释放有关。

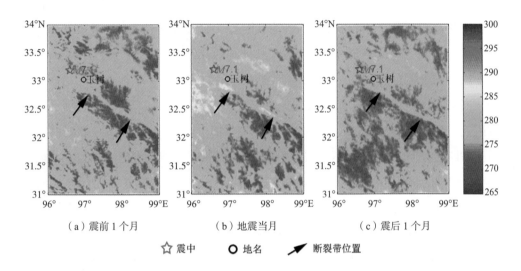

（a）震前 1 个月　　　　　（b）地震当月　　　　　（c）震后 1 个月

☆ 震中　　　〇 地名　　　➚ 断裂带位置

图 3-40　2010 年 3 —5 月甘孜—玉树断裂带亮温图像

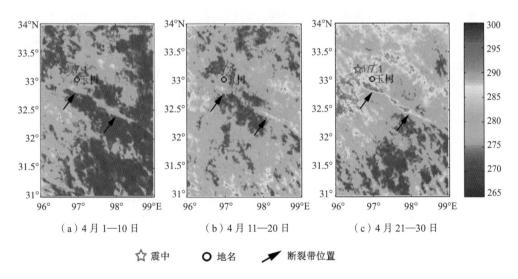

（a）4 月 1—10 日　　　　（b）4 月 11—20 日　　　　（c）4 月 21—30 日

☆ 震中　　　〇 地名　　　➚ 断裂带位置

图 3-41　2010 年 4 月甘孜—玉树断裂带亮温图像

2010 年玉树地震前甘孜—玉树断裂带北段出现的亮温高值区与野外考察所发现的本次地震造成地表破裂带的位置是一致的，而亮温最高值出现的时间也与本次地震水汽含量和 CO 含量显著增强的时间吻合，因此认为断裂带显示出的亮温变化可能与该区震前及同震的应力集中、摩擦增强以及震后大量地下气体上涌有关。

2）多参量综合观测

根据地震发生的时间与区域构造环境，选择 $31°\sim40°N$、$90°\sim103°E$ 范围内多年的 2—4 月份的长波辐射、热红外亮温、地表温度、地表潜热通量多个参数进行分析。震中附近像元的时间序列表明（图 3-42）：长波辐射热红外亮温和地表温度均在 2010 年 3 月 17 日出现强异常（超过 $\mu+2\sigma$）。图 3-43 显示，2010 年 3 月 17 日，沿可可西里—玉树断裂带出现了上千千米的长条带状长波辐射高值异常，其异常峰值区位于玉树断裂附近，幅度高达 120 W/m²。图 3-44 显示，2010 年 3 月 17 日，在清水河断裂与甘孜—玉树断裂控制区域出现了长条带状亮温高值异常（虚线矩形框）。图 3-45 显示，2010 年 4 月 8 日，在震中西侧约 400km 即玉树南断裂的西端出现了弱的小斑状高值区域，潜热通量变化幅度达 40 W/m²；9 日，高值幅度增强，并沿玉树南断裂和秋智断裂之间的控制区域向震中移动，潜热通量变化幅度升至 60 W/m²，与此同时，在震中偏东北约 350km 玛多断裂上方出现一个小斑状弱异常区，这两个潜热通量异常区一强一弱、一东一西成犄角形分布于玉树断裂以北、震中两侧，之后消失。可可西里—玉树断裂带是玉树孕震早期的应力集聚区，玉树附近的构造断裂是玉树孕震后期的主控因素，而且不同方向的构造断裂之间相互作用，导致应力分布不断调整。玉树地震孕震期间，早期（2010 年 3 月 17 日）沿可可西里—玉树断裂带出现的长条带状长波辐射与热红外亮温异常，以及后期（2010 年 4 月 9 日）围绕玉树出现的小斑状地表潜热通量异常，应是玉树地震孕震过程的阶段性、综合性反映。

以上表明：玉树地震前 1 个月内 4 个热参数（长波辐射、热红外亮温、地表温度、地表潜热通量）均出现了准同步的正异常，位置位于震中附近及活动断裂控制区域，空间分布与遥感岩石力学实验结果（断层双剪粘滑热红外成像实验结果、非连续组合断层加载红外热成像实验结果、交会断层加载红外热成像实验结果）一致，是一种临震遥感热异常现象。

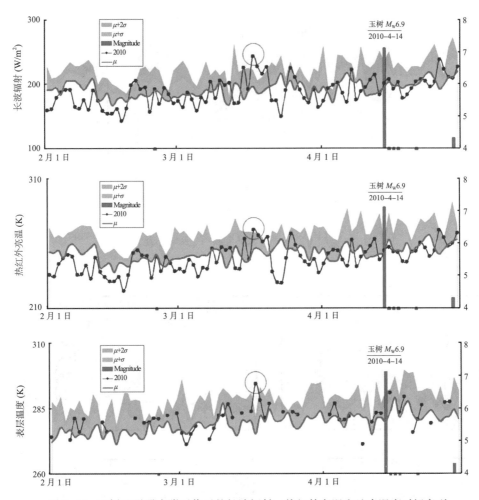

图 3-42 玉树地震震中附近像元的长波辐射、热红外亮温和地表温度时间序列

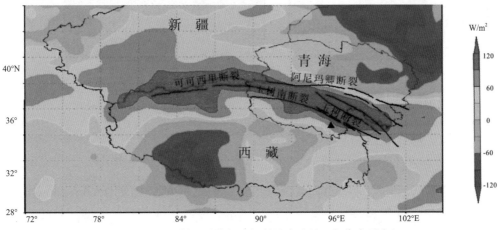

图 3-43 玉树地震前长波辐射异常（黑三角代表震中）

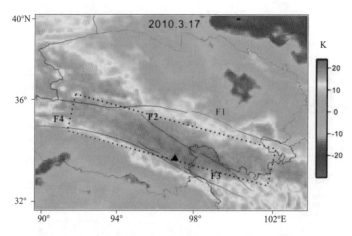

图 3-44　玉树地震前热红外亮温异常（黑三角代表震中）

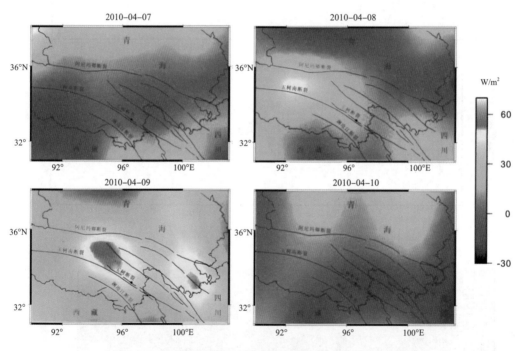

图 3-45　玉树地震前的地表潜热通量异常（黑点代表震中）

3.1.4.4　形变观测

1）同震干涉形变场基本特征

选取日本 ALOS-1 搭载的 PALSAR 雷达传感器在 FBS（fine beam single-polarization）模式下获得的原始数据（Level 1.0）。在保证地震前后数据的质量及像对之间良好相干性的条件下，获取的同震干涉形变场如图 3-46 所示。图 3-46（a）清晰地反映出玉树地震同震形变场分布特征，干涉条纹以北西西向甘孜—玉树断裂为中心分布，说明该断裂是本次地震的发震构造。图中一共有 3 处形变较突出的区域，分别在果青村、加虐村东南边、措美村附近。中国地震台网中心公布的主震震中（96.6°E，33.2°N）（图中红色圆点所示）位于加虐东南的形变区域中。发震断层东南段果青村附近的干涉条纹包络线明显比其他段落宽，表明这一带的地表形变强度较大，为主破裂区，宏观震中应位于该区域。

图 3-46（b）是解缠后的同震位移场。地震破裂迹线十分明显，与发震断层的位置基本一致，长约 60km。可以看出，断层东北盘视线向形变量为正值（方向以靠近卫星方向为正），最高可达 51.9cm，西南盘视线向形变量为负值，最高可达 -61.4cm。由于卫星数据是在升轨右视模式下获得，所以东北盘地表向西移动而靠近卫星，西南盘地表向东移动而远离卫星，断层主要为左旋运动。根据地表破裂程度，将整个形变场分为三个部分：西北段约 17km，东南段约 30km，中段约 13km。

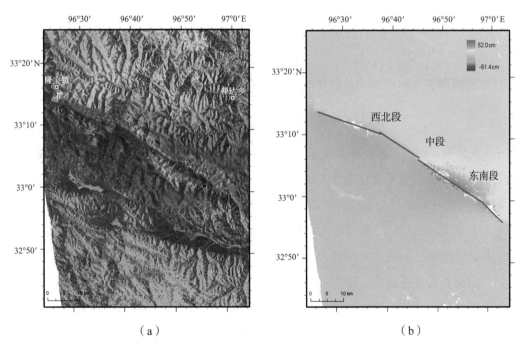

（a）

（b）

图 3-46 玉树地震 LOS 向同震干涉形变场

（a）解缠后的相位，每个条纹代表 11.8cm 视线向形变量；（b）解缠后形变量。紫红色线条为勾画的地表破裂迹线；破裂带附近的无值区域为图像失相关造成的

2）水平形变量解算

根据震源机制解，此次地震为走滑型破裂。因此，假设此次地震只发生了沿断裂

方向的左旋剪切错动，无垂直错动与分离，可以将视线向的形变量利用几何关系直接投影到断裂方向。视线向形变场与地表断裂方向位移的几何关系如图 3-47 所示。

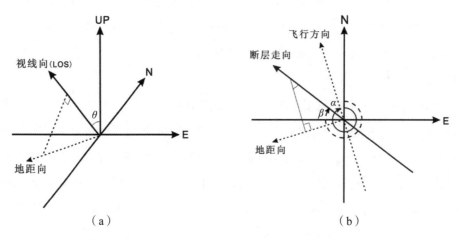

（a） （b）

图 3-47 视线向形变量水平分解几何图
（a）视线向与地距向的几何关系图；（b）地距向与断层走向的几何关系图。
地距向是视线向在地表的投影

地表沿断裂方向的形变量与视线向形变量的关系，可以表示为：

$$d_{fault} = \frac{d_{los}}{\sin \theta \cdot \sin(\alpha - \beta)} \tag{3.2}$$

式中，d_{fault} 表示沿断层走向的形变量（西北向为正）；d_{los} 表示卫星视线向的形变量（靠近卫星方向为正）；θ 是雷达脉冲入射角；α 是卫星轨道方位角（顺时针与正北向夹角）；β 是断层走向（顺时针与正北向夹角）。

根据公式（3.2），计算可得此次地震沿断裂走向的水平走滑形变量，如图 3-48 所示。东北盘沿断层的最大走滑量为 109.1cm，坐标为（96°51′53″ E, 33°03′36″N），西南盘沿断层的最大走滑量为 –129.3cm，坐标为（96°50′56″ E, 33°03′29″N）。西南盘的最大走滑量位于微观震中（96.6° E, 33.2°N）东南约 29km 处，判定为宏观震中。地震破裂以此为起点，向西北方向经甘达村、措美村延伸至隆宝镇西南，向东南方向延伸至结古镇南。

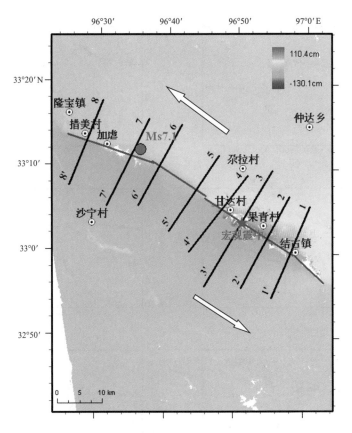

图 3-48 玉树地震沿断裂方向同震形变场
（东北盘沿断层向西北运动，西南盘沿断层向东南运动，为左旋走滑；
紫红色线条为勾画的地表破裂迹线，黑色线条为剖面线）

为了反映断层两侧的形变量变化趋势，沿断层分别做了 8 条跨断层剖面线，剖面
线位置如图 3-48 所示，形变量剖面如图 3-49 所示。剖面 1-1′ 在断层最东南端，结古
镇附近，断层两侧的形变量为 -45.1 ~ 48.9cm，最大相对走滑量 94.0cm；剖面 2-2′ 在
果青村附近，断层两侧的形变量为 -105.2 ~ 62.4cm，最大相对走滑量 167.6cm；剖面
3-3′ 过宏观震中，形变量为 -129.3 ~53.0cm，最大相对走滑量 182.3cm；剖面 4-4′ 在
甘达村附近，形变量为 -87.2 ~ 46.1cm，最大相对走滑量 123.3cm；剖面 5-5′ 和 6-6′
的形变量分别为 -28.0 ~ 16.2cm 和 -38.3 ~15.8cm，最大相对走滑量分别为 44.2cm
和 54.1cm；剖面 7-7′ 在微观震中附近，形变量为 -46.1 ~ 8.5cm，最大相对走滑量
54.6cm；剖面 8-8′ 在断层最西北端，措美村附近，形变量 -42.6 ~ 8.5cm，最大相对走
滑量 51.1cm。

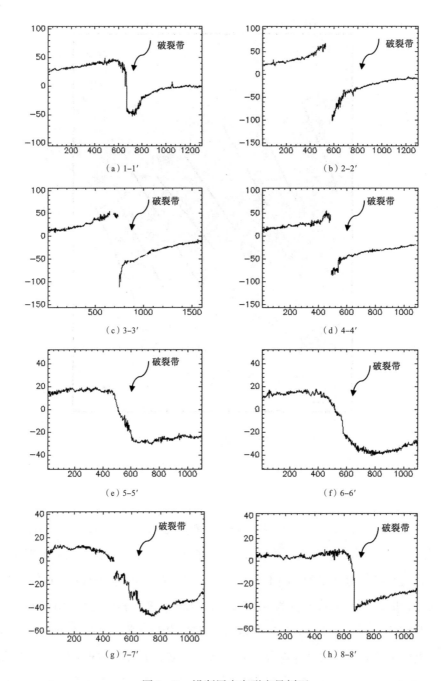

图 3-49　沿断层走向形变量剖面

（横坐标为距剖面线起始点的距离，单位为像元；纵坐标为沿断层走向的走滑量，单位为 cm；
箭头指向断层位置；剖面线位置见图 3-48）

在宏观震中处断层两侧的相对走滑量最大，为 182.3cm。断层两盘的形变量不对等，除了剖面 1–1′ 之外，西南盘的形变量明显大于东北盘。宏观震中附近的形变区域形变梯度大，是主震破裂中心。走滑量在断层两侧 10km 范围左右已经接近 0，推测此次地震在断层两侧造成的地表破坏范围约 10km。

3.1.4.5　小结

张学民等（2018）在多学科研究的基础上，获得了玉树地震的孕育过程，GPS 同震应变场及震后效应研究显示，玉树地震是受大区域应力场活动影响，与 2008 年汶川地震无明显关联，具有很好的独立性特征。综合多地球物理遥感参量时序发展框架，玉树地震有 3 个典型孕育阶段（2.5 年尺度、月尺度、日尺度），分别对应地震区应力缓慢积累、扩张及临震加速 3 个发展过程，说明剪切型破裂的玉树地震孕育过程相对比较简单。基于地震月频次、GPS 形变、重力等观测结果，2008 年前后，玉树地震区应力应变增强，能量开始积累，而且甘孜—玉树断裂带成为应力应变及重力变化的梯度带，反映了断裂带在该阶段的不稳定特性增强。2009 年 11 月份开始，玉树水温快速下降；2009 年 12 月—2010 年 3 月电磁辐射增强；卫星地表温度在震前 1 个月沿断裂带开始增强；卫星探测 CO 总量在震前 2 周和震后两周出现极大值，反映地震孕育进入短临阶段，孕震区在经过长期应力加载后进入岩石膨胀阶段，应力略有松弛，岩石微破裂增加，进而导致气体溢出及热红外明显变化。震前 1 周内，地表温度异常出现在 4 月 9 日，长波辐射异常高值出现在 4 月 12 日，地基电离层探测异常出现在震前 1 天即 4 月 13 日，电离层异常表现出向赤道区偏移及更低高度的磁共轭效应，反映地震进入临震阶段。与汶川地震相比，两次地震的应力积累时间基本相当，但玉树地震在年尺度的前兆异常极为稀少，一者可能与区域前兆站点较少有关，二者说明玉树地震的孕震过程相对汶川地震要简单的多，或者说两者的孕震过程有一定差别，这与两次地震不同的震源机制解类型是吻合的。

玉树地震地面台站稀疏，观测资料很少，GPS、高光谱气体、热红外、卫星电磁等卫星地球物理场、地球化学因素探测发挥了极强的空间探测优势，对玉树地震全过程的深入了解提供了强有力的资料补充和技术支撑，充分显示了卫星遥感及空间对地观测在地震监测预报，尤其是地面监测空白区域的强大作用和应用效能。

3.1.5　2011 年 3 月 11 日日本 M_w9.1 地震

3.1.5.1　GNSS TEC 观测

为探讨地震活动与电离层之间的关系，从 95 个 GNSS 基准站（图 3-50）中选取与震中纬度和经度近似的站点（纬度近似：daej、suwn、usud、tskb，经度近似：yssk、stk2、ccj2、aira），分析不同经纬度 TEC 变化。各基准站 TEC 时间序列如图 3-51 所示。同时，为了与震中周边基准站 TEC 变化进行对比，选取中国大陆周边相似经度、不同纬度站点（hlhg、lndd、jsnt、fjpt），分析其 TEC 时间序列（图 3-52 所示）。从 TEC 时间序列可以看出，各基准站上空的电离层 TEC 在地震当天及震前一周较背景值（前 15 天滑动 TEC 中值）明显变大。震后 TEC 值逐渐下降，恢复至正常水平。电离层 TEC 变化易受地磁活动的影响，图 3-51、图 3-52 中均给出了对应 Dst 指数和 Kp 指数的变化，可以清晰的看到 Dst 指数在震前一天（3 月 10 日）开始下降，并在地震时刻达到最低值，Kp 指数也在地震时刻达到高值（可认为发生中等磁暴），对应的 TEC 值虽有明显的升高但未超出异常界限。因此，3 月 11 日电离层在震前变大应该与地震有关，可能为地震在一定程度上引起地磁活动增强，从而引起电离层活动增强，导致电离层 TEC 增大（是否由于太阳活动引发地磁活动增强，仍需进一步讨论）。而 3 月 3 日至 9 日期间，地磁活动平静，同样出现 TEC 升高现象，其中 3、5、8 日 TEC 值超出异常上限（背景值 +1.5 倍四分位距）。可能为孕震期间地震活动增强引起的电离层活动增强，从而引发 TEC 升高。

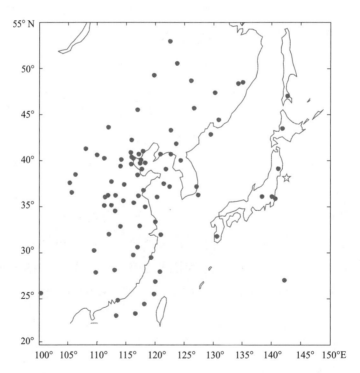

图 3-50　所用 GNSS 基准站空间分布（红色五星为震中，黑点为 GNSS 站点）

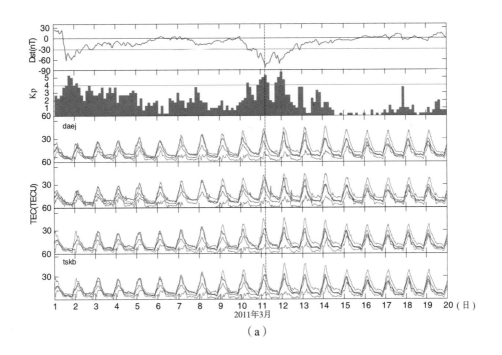

（a）

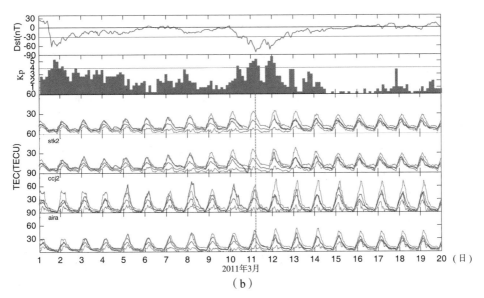

（b）

图 3-51　日本地震震中周边 IGS 站时间序列

（红色曲线为实际 TEC 值，蓝色曲线为 TEC 中值，灰色曲线为异常检定界限，
灰色竖直虚线标出了地震时刻）

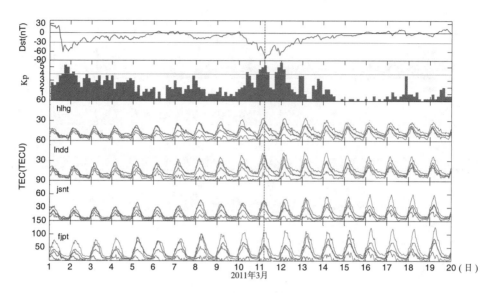

图 3-52　中国大陆周边 GNSS 基准站 TEC 时间序列
（红色曲线为实际 TEC 值，蓝色曲线为 TEC 中值，灰色曲线为异常检定界限，
灰色竖直虚线标出了地震时刻）

为观察电离层 TEC 空间变化，利用 95 个 GNSS 基准站数据，采用球谐模型，构建区域（纬度 20°～55°N，经度 100°～150°E）上空电离层 VTEC 格网（1°×2°），分析日本 9.1 级地震前后电离层 VTEC 变化。如图 3-53 所示，扣除背景值（前 15 天 TEC 滑动中值）后，给出了 3 月 1 日至 12 日期间 UT 时 4:00 VTEC 空间变化。从图中可以看出，震前一周内，区域电离层 VTEC 出现明显增强，其中 3 月 5 日出现明显增强（中国大陆东北和华北地区出现明显 VTEC 增强区）。日本上空 VTEC 从 3 月 5 日开始逐渐增强，地震当天出现明显增强。同样可以看出，3 月 3 日、5 日、7 日、8 日、11 日，中国大陆上空出现 VTEC 负异常区（低于背景值）。

综合对电离层 TEC 时间序列及空间变化的分析，在地磁活动平静期间，临近地震前一周内出现明显 TEC 增强现象，震后 TEC 恢复至正常水平。震前一周内出现的大面积 TEC 升高及局部的下降可能为此次地震的前兆表现。

3.1.5.2　舒曼谐振异常观测

对中国云南永胜站在 2011 年 3 月 6 日至 3 月 13 日观测数据进行处理。数据处理采用的方法是短时傅里叶变换。使用短时傅里叶变换处理数据可以得到信号的频谱图。

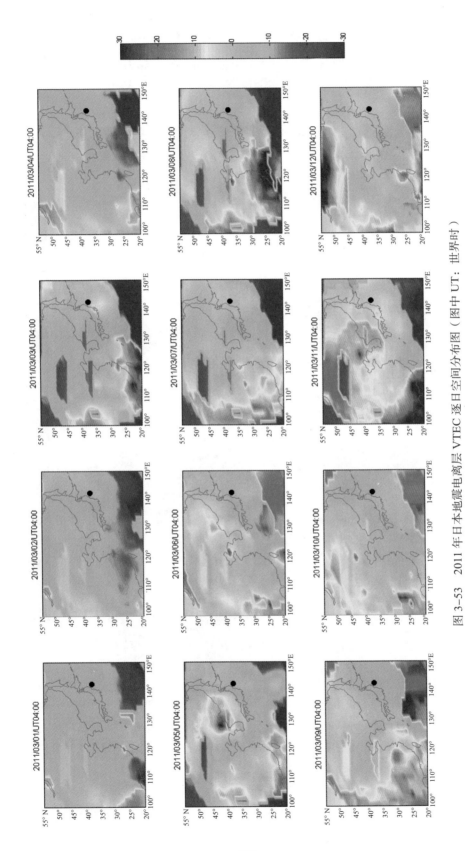

图 3-53　2011 年日本地震电离层 VTEC 逐日空间分布图（图中 UT：世界时）

通过短时傅里叶变换可以得到图 3-54。图中八个小图分别为 3 月 6 日至 3 月 13 日永胜站观测到的舒曼谐振图。横坐标为当地时间,纵坐标为频率范围。图中红色的部分为舒曼谐振信号谱。

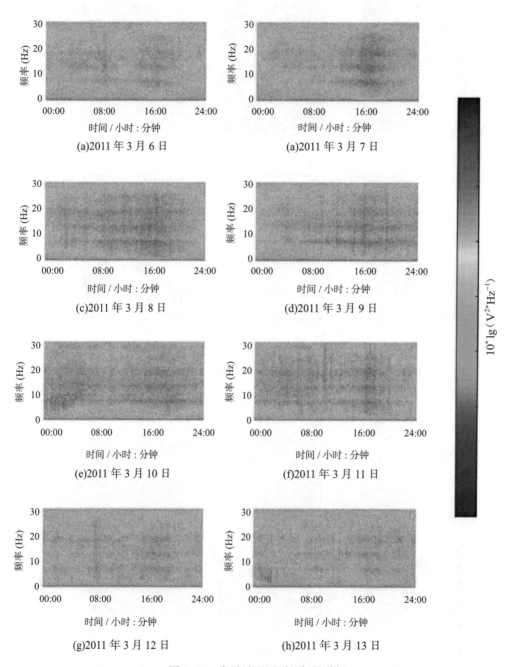

图 3-54　永胜站观测到的舒曼谐振

可以看出从 3 月 7 日开始图中红色开始加深，表明舒曼谐振前四阶频谱信号增强。3 月 9 日开始红色逐渐变淡，表明信号强度开始下降，至 13 日恢复正常。其中 3 月 8 日异常持续时间最长，红色区域几乎布满整个时间轴。每天 16:00 左右频谱幅度都会有明显的增强现象，这是因为此时亚洲源相对比较活跃，强度异常的增强现象是有可能发生的。然而在 3 月 8 日 0:00 到 16:00 之间同样出现了明显的增强现象。在排除亚洲暴源活动活跃的情况下表明永胜站观测到的舒曼谐振确实发生了因其他原因引起的异常现象。为了更直观地对比 3 月 6 日至 3 月 13 日之间舒曼谐振异常增强现象，分别在东西方向磁场分量、南北方向磁场分量、径向方向磁场分量取每天 12:00 的舒曼谐振数据得到一维图像（图 3-55 至图 3-57）。图中横坐标为频率，纵坐标为功率。图 3-55 为东西方向舒曼谐振分量，图 3-56 为南北方向舒曼谐振分量，图 3-57 为径向方向舒曼谐振分量。3 月 6 日至 3 月 13 日 12:00 的东西方向舒曼谐振前四阶幅度在 3 月 8 日之前逐渐增大，其中 2、3、4 阶舒曼谐振幅度在 8 日达到最大值，1 阶幅度在 9 日达到最大值，随后振幅逐渐恢复正常（图 3-55）。但在 3 月 10 日，发现在 30Hz 信号出现较为明显的振幅增强现象，图 3-55（e），之后在 3 月 11 日图中振幅增强现象消失。

从图 3-56 中看出 8Hz 信号在 3 月 6 日、3 月 7 日值为 0.3 左右，但是到了 3 月 8 日、3 月 9 日 8Hz 信号的值增大到接近 0.6，信号强度增大了一倍左右，其他各阶舒曼谐振信号也有一定增强现象。图 3-57 为径向方向 12:00 舒曼谐振图，可以看到更加明显的增强现象，但与图 3-55、图 3-56 不同的是径向方向舒曼谐振分量在 3 月 9 日开始出现信号增强现象。3 月 6 日、3 月 7 日、3 月 8 日各阶舒曼谐振近乎相等，其值在 0.03 左右。在 3 月 10 日 10Hz 信号突然增加到 0.3，信号强度增大了 10 倍。之后在 3 月 11 日、3 月 12 日、3 月 13 日径向方向舒曼谐振各阶信号强度又恢复到正常水平。以上分析可以说明 2011 年 3 月 6 日至 2011 年 3 月 13 日永胜站观测到明显的舒曼谐振异常现象与常见的信号干扰不同，而且在 2011 年 3 月 6 日至 3 月 13 日这段时间内，地磁指数都很低，Kp 指数基本在 3 以下，表明地磁活动相对平静。因此推断是地球空间中的舒曼谐振波产生了异常现象。

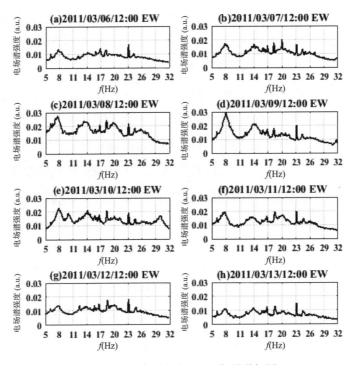

图 3-55 东西方向 12:00 舒曼谐振图

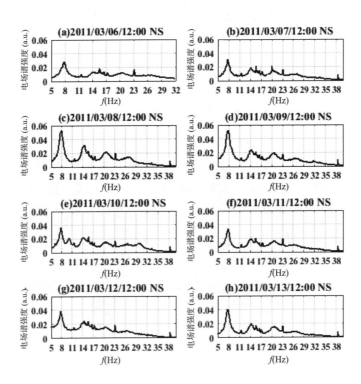

图 3-56 南北方向 12:00 舒曼谐振图

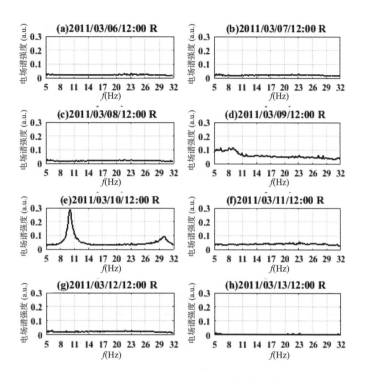

图 3-57　径向方向 12:00 舒曼谐振图

3.1.5.3　红外观测

通过分析 NOAA 长波辐射 2.5° 数据获得了短期地震红外异常特征。发现长波辐射异常出现在地震前 4 个月（图 3-58），之后异常持续在震中区出现，最大值出现在震前 2 个月，位于震中西南方向，达到 55.53W/m²。之后区内长波辐射恢复平静，地震当月又在相同位置出现异常。震后异常削弱直至消失。分析 1.0° 数据进一步获取了临震异常信息（图 3-59），异常出现的位置与 2.5° 数据检测出的位置相同，异常从 3 月 5 日至 9 日持续出现，震后消失。

本次地震检测到的短期和临震异常均位于本州岛的东南方向，且位于太平洋板块、菲律宾板块和欧亚板块的交汇处。根据 USGS 报道，本次地震的发生是由于太平洋板块沿着日本海沟向欧亚板块俯冲，引起欧亚板块向东反弹推进而造成的。因此，长波辐射异常出现的位置与其发震机制是吻合的。

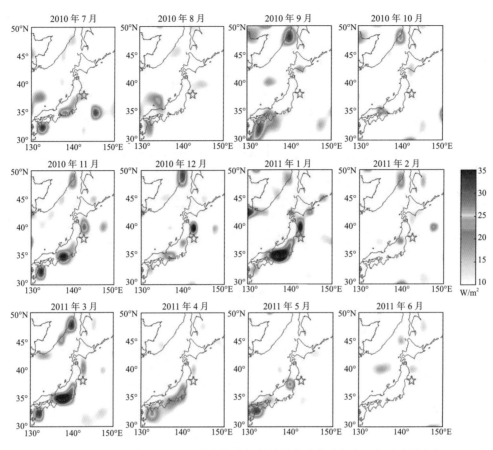

图 3-58　日本 9.1 级地震前的长波辐射月异常演化（红色五角星为震中）

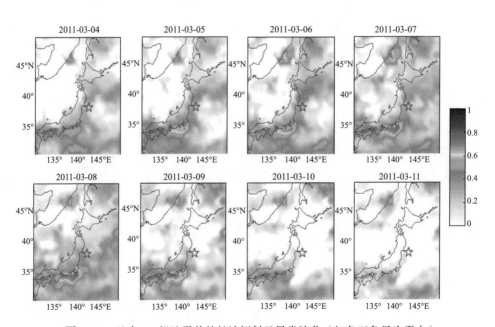

图 3-59　日本 9.1 级地震前的长波辐射日异常演化（红色五角星为震中）

3.1.5.4　小结

该次地震震源机制解为低倾角逆冲型地震，震源深度 10km，这次地震发生在日本东北部宫城县以东太平洋海域，震后引发海啸和核电站事故，造成进一步的次生灾害及伤亡。

综合前人的研究结果，GPS 连续测点东西向时序变化分析表明（陈光齐等，2013），2003 年前后日本东海岸 GPS 测点西向运动出现趋势性转折，而且转折后远离孕震区的 GPS 测点西向运动大于近震源区测点，反映近孕震区可能有成核现象。是否该次地震的孕震过程从 2003 年开始目前尚无其他资料支撑。

邹正波等（2012）利用 GRACE 重力卫星资料，分析了震前若干年内的重力变化，结果显示日本及其邻区在震前 5 年存在显著的重力增加变化，震前 2 ~ 3 年（2008—2010 年）震中区东北部和西北部形成明显的正负异常区，正负分界线与发震断层走向一致，震中区重力变化不明显，表明处于闭锁状态。Tsuboi 和 Nakamura（2013）利用船上搭载的地球物理观测设备对比了 2010 年 11 月和 2011 年 2 月的两次观测记录，结果发现日本 9.0 级地震沿断层的最大滑动位置与观测得到的海面重力异常位置吻合，该重力异常可用沿断层面 3 个月尺度的海底上升或者介质密度增加来加以解释。刘子维等（2011）研究了中国大陆重力台站在日本 9.0 级地震前的高频扰动，发现 3 月 1—6 日沿海各台统一出现了喇叭口状的重力异常扰动现象，异常幅度随震中距的增加呈衰减趋势。

从目前已经发表的文献来看，本次地震前长期前兆较少，GPS 观测的 2003 年趋势转折点是否是本次孕震过程的加速起始点还有待更多资料验证，重力资料显示震区闭锁成核状态在震前 2 ~ 3 年内。震前 3 ~ 4 个月，重力、红外异常连续出现，反映地下介质的反弹性膨胀阶段来临以及短期异常的暴发。震前几天，重力异常先行出现，随后电磁、电离层异常反应强烈，预示临震阶段的到来。

全球 9.0 级以上地震较少，如此大强度的地震究竟需要多长时间的应力应变积累过程人类认知还相对比较有限。从日本地震的短临异常来看，自震前 3 ~ 4 个月开始，相对其他 7 ~ 8 级以上地震转折点反而更短一些。对于海域强震，其发展孕育过程中海水孔隙水等在岩石微裂隙产生后，是否会比大陆地震更能加速破裂临界状态的来临？未来还需要更多证据验证。

3.1.6　2015 年 4 月 25 日尼泊尔 M_W7.8 地震

3.1.6.1　电离层垂直观测

基于普洱、乐山电离层垂测数据，对 2015 年 4 月 25 日尼泊尔 M_W7.8 地震进行了分析。针对每天每 15 分钟的数据，计算其前 15 天的均值 M。前期研究表明纬度较低的普洱站扰动提取阈值为 $M \pm 1.5\sigma$，纬度相对较高的乐山站适于用 $M \pm IQR$ 限定阈值，对于一次扰动如果持续时间超过 2 小时以上的分析中定义为 1 次异常，结合 F10.7、Kp、Dst、AE 等指数对异常进行分析，在排除空间天气的影响后，讨论异常与地震的关系。

提取地震当天及其前后 7 天数据进行分析（图 3-60），从上至下前 4 幅子图为指数图，F10.7 ≥ 160 认为与太阳活动有关，Kp ≥ 3 或 Dst ≤ –30nT 认为与磁暴有关，AE ≥ 500nT 认为与亚暴有关。第 5、7 幅子图中红色线代表观测值，黑线代表中值 M，蓝色线代表上下阈值，观测值超出阈值 2 小时以上的显示在第 6、8 幅子图中，红点代表正异常，黑点代表负异常。从图中可以看出，4 月 22—23 日扰动受磁暴影响，此后空间天气相对比较平静，4 月 24 日 2 个台站扰动应与尼泊尔地震震前电磁辐射有关，4 月 25 日乐山台负异常及 4 月 29 日、30 日和 5 月 1 日 2 台站的负异常可能受到震后扰动影响。

3.1.6.2　长波辐射观测

根据对 2015 尼泊尔地震破裂过程的反演结果 (张勇等，2015)，获取了覆盖断层破裂面在地面投影（地震破裂面）像元 2007 年 1 月到 2015 年 8 月间长波辐射异常变化指数时间序列，绘制变化曲线如图 3-61 所示。可以看出，8 年多的时间内仅在 2015 年尼泊尔地震前出现突破阈值的现象，异常指数最高接近 8，异常出现的时间开始于 2014 年 10 月上旬，即地震发生前半年在地震破裂面区域异常出现。

考虑到本区高程变化及板块边界的位置大致沿纬向分布，又对区内各纬向上的长波辐射变化时间序列进行了分析。图 3-62 显示为尼泊尔地震震中纬向（28°N）上的长波辐射异常变化指数时间序列。图 3-62（a）为 2007 年 1 月—2015 年 7 月该纬向上长波辐射变化指数序列，可以看出，在 104 个月的变化指数中仅在本次地震前出现指数高值异常。为了进一步了解异常的分布特征，对 2014 年和 2015 年的数据进行了放大显示（图 3-62（b）），发现异常出现的时间为 2014 年下半年（震前半年），异常断续出现，且主要分布在震中以西，震后逐渐消失。

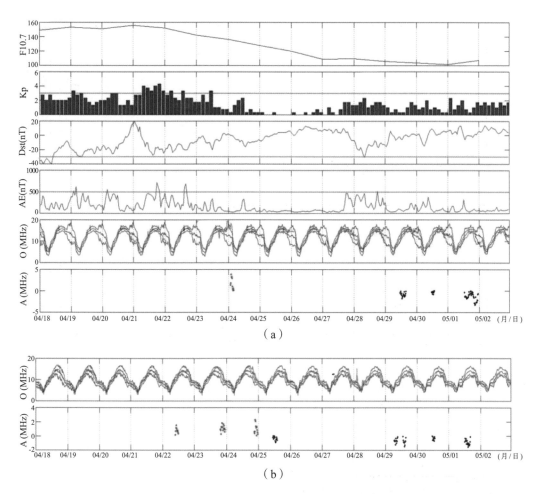

图 3-60　2015 年 4 月 18 日—5 月 2 日电离层垂测数据时序分析图

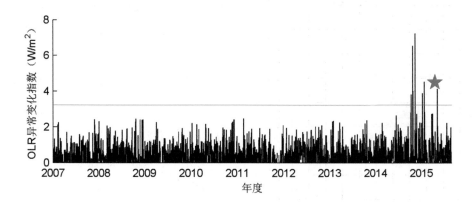

图 3-61　尼泊尔 $M_S 8.1$ 地震破裂面长波辐射异常变化指数时间序列

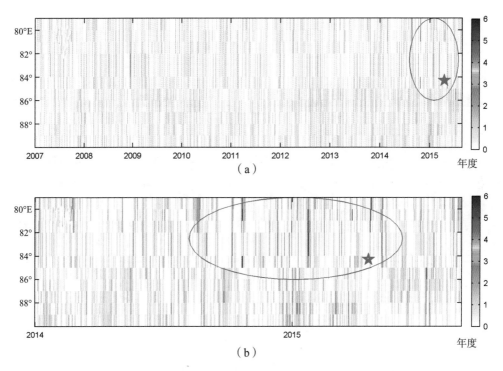

图 3-62 研究区 28°N 纬向长波辐射变化指数时间序列
（a：2007 年 1 月—2015 年 7 月；b：2014 年 1 月—2015 年 7 月；
五角星为震中位置；椭圆范围为异常区）

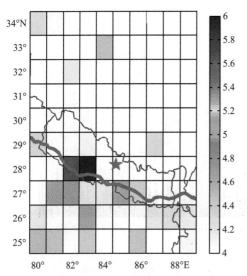

图 3-63 尼泊尔地震长波辐射平均异常空间分布

计算了 2007 年 1 月—2015 年 8 月间研究区内各点位所有大于设定阈值的均值，其中设定阈值为该点位上所有数据均值与 3 倍标准偏差之和。计算结果代表了该时间段内长波辐射增强的平均幅度和空间位置，如图 3-63 所示。可以看到，最大值出现在尼泊尔地震以西和以南地区，且恰好分布在板块边界带上。

研究结果表明，在 3158 天内，地震破裂面长波辐射异常仅出现在 2015 年尼泊尔地震发生前半年内，即异常出现的时间位于地震"时间窗"内；检测到的长波辐射增强主要集中在喜马拉雅构造带西段及其以南区域，这与 GPS 观测资料获得应变率变化出现的空间位置和本次地震的震源机制解结果吻合，表明异常出现的位置位于地震"空间窗"内。

3.1.6.3　小结

卫星红外监测显示尼泊尔地震前半年内大量集中出现的异常，而中国西部区域的电离层监测则揭示了临震前 1 天的电磁扰动现象，这两种探测技术均更有利于监测地震短临阶段的异常扰动。为能够概括该地震孕育发展全局，我们收集了国内外关于该地震的前兆研究结果，一并讨论总结。

占伟等（2015）利用 GPS 观测资料研究了尼泊尔 8.1 级地震前的应变积累过程，结果尼泊尔与中国各自境内跨喜马拉雅构造带的 GPS 基线时间序列表现为持续缩短，表明了印度板块与欧亚板块之间的持续挤压变形特征，2012 年以来的缩短增强反映了印度板块对青藏块体的推挤增强作用明显。GPS 基线结果显示，尼泊尔 8.1 级地震的应变快速积累时间在 3 年以上，符合一次 8 级地震的孕震周期。

邹正波等（2015）使用 GRACE 卫星资料研究了尼泊尔地震前的重力场时变特征，结果显示区域重力场以 2008 年为界存在明显分阶段特征，2003—2008 年以重力增加为主，2009—2011 年以重力减少为主，且区域重力场在震中区呈正负相间分布，震前局部重力场压缩区重力增加，拉张区重力减少。Chen 等（2016）收集了位于西藏南部靠近尼泊尔震中的四个绝对重力测量站的资料，对比了自 2010、2011—2013 年不同时段内的重力变化，经过地面垂直运动、地表物质剥蚀、冰川均衡调整等多种修正后，4 个站仍然表现超出测量误差的显著增加现象（~20μGal/a），认为可能与 2015 年尼泊尔地震孕震区应变积累和物质迁移有关。

GPS 和重力场观测资料均显示，尼泊尔 8.1 级地震孕震过程时间比较长，超过 3 年以上，其中 2014 年期间目前没有相关前兆研究结果呈现，一是该区域观测资料比较稀少；二可能是该次地震的长期应变积累过程中岩石微破裂闭合，很难激发电磁及地球化学辐射信号。该次地震的震源机制解为逆冲型，与 2008 年汶川地震比较相似。震前半年，自 2014 年底，红外异常开始集中大幅度出现，反映了地下岩石状态的变迁，汶川地震的孕震转折点也发生在震前 6 个月左右，之后出现一系列的电磁、红外、地球化学等异常，进而进入临震破裂阶段，震前 1 天电离层出现扰动，尼泊尔地震的整个孕震过程与汶川地震非常相似，简单可分为三个阶段：2012—2014 年，应变快速积累过程，是孕震的中长期发展阶段，GPS、重力等地球物理场长期变化趋势上比较明显；震前 6 个月左右，短临异常出现，孕震区地下介质出现膨胀反弹，甚至微裂隙等产生，红外异常集中暴发；临震阶段，岩石应力状态到达临界点，电磁异常增强甚至传播耦合至电离层高度，预示地震即将来临。利用多地球物理场探测资料可以对地震孕育发展全貌增加新的认知，并在对比分析相似及不同类型震例中总结得到规律性的认识。

3.2 多观测参量的地震统计分析

3.2.1 卫星原位等离子体

基于法国 DEMETER 卫星观测的电子密度（N_e）和电子温度（T_e）数据，经余震、纬度、磁暴等条件限制筛选出 2005—2010 年期间的 82 次地震，应用滑动平均、空间差分方法对震前 10 天及震后 2 天的夜间数据进行了分析（Liu et al., 2014）。研究表明，49 个地震前出现了震前扰动现象，其中浅源地震出现异常概率大于深源地震，海洋和陆地地震出现异常概率大致相同，但都超过统计地震个数的 1/2（表 3-3），而且海洋地震异常占比还略高于陆地地震，反映海水并未对异常电磁辐射等信号造成严重的衰减和吸收，具体耦合过程值得深入思考和研究。

多个强震震例的统计结果显示：

（1）从扰动时间上来看，异常多出现在震前 1、3、5、6、8 天及震后 1 天。

（2）空间上，震前扰动不位于震中正上空，而是向磁赤道方向移动几度至 20° 范围，以东南西北（E、S、W、N）八个组合方位统计显示（表 3-4），磁北纬地震异常分布在震中南侧的占异常数目的总比例为 59.2%，磁南纬震例异常分布在北侧的占比为 64.3%。

（3）卫星探测等离子体参量大部分异常为正异常，说明在 DEMETER 卫星所在的 670km 高度上震前电子密度以增加为主，2005—2009 年处于太阳活动周下降年份，之后转折回升，等离子体参量尤其是电子密度的增加与长期的趋势背景下降相反，也反映了地震确实对电离层造成了一定的异常效应。

（4）电子密度较电子温度异常多，表明在这个高度上电子密度较电子温度震前效应更明显。

（5）地震电离层圈层耦合机制还比较复杂，其中直流电场耦合模型可以很好地解释电离层异常的赤道偏转及磁共轭现象，可能卫星观测的等离子体参量扰动多与此相关。

表 3-3　不同类型震例卫星等离子体参量统计

地震类型	大陆地震	海洋地震	深源地震	浅源地震
地震数目	21	61	11	71
异常数目	12	37	5	44
占比	57.1%	60.7%	45.4%	62.0%

表 3-4　卫星等离子体参量异常空间方位统计

数目	E	SE	S	SW	W	NW	N	NE
磁北纬地震	2	14	3	12	0	10	0	8
磁南纬地震	2	19	1	12	1	18	7	38

3.2.2　卫星电磁场

大量的统计分析结果表明，空间 ULF/ELF/VLF 电场扰动与地震之间存在一定的相关性。在 DEMETER 卫星前期研究工作中，发现 0~250Hz 频段的静电场扰动与地震之间有一定的相关关系，如普洱、印度尼西亚地震等，这种静电豁流现象往往出现在震前一周的时间内。图 3-64 中展示了 2005 年 3 月 28 日印度尼西亚 $M_W8.6$ 地震前的 22 日和 23 日经过震中上空的两条升轨，在 VLF 电场功率谱密度分布图中，可以清晰的看到低频扰动增强现象，大于 $10\mu V^2 \cdot m^{-2} \cdot Hz^{-1}$ 的信号主要分布在 250Hz 以下。

为反映这类信号的统计特征，在此针对全球 7 级以上地震进行分析，由于 2004 年轨道数据的完整性较差，选取了 2005 年 1 月—2010 年 2 月观测时段内的电场频谱数据，时间为 5 天范围，其中包括震前 3 天、地震当天和震后 1 天。空间范围为震中纬度 10° 范围内，经度初始选择 2000km，如果震中范围存在静电豁流现象，则扩大同日轨道搜索范围，因为白天受太阳活动影响较大，只利用夜间的观测数据来进行震例统计分析。将 0~250Hz 的电场频谱数据进行叠加，如果超出其相邻空间的 2 个数量级以上，则认为出现电场扰动。

研究时段内共发生 69 次 7 级以上地震，在 25 次地震前出现了静电豁流现象，所有结果列于表 3-5 中。可以看到大部分地震位于中低纬度，只有 4 个地震高于 50°。其中 14 个地震位于 ±20°，在这个区域静电豁流现象是非常少见的。另外有 5 个地震的震源深度大于 100km，占总异常地震个数的 20%。表 3-5 显示大部分地震位于海洋中，或者说大陆块体的边缘地带，这反映块体之间巨大的相互碰撞作用更容易在电离层激发静电豁流现象。

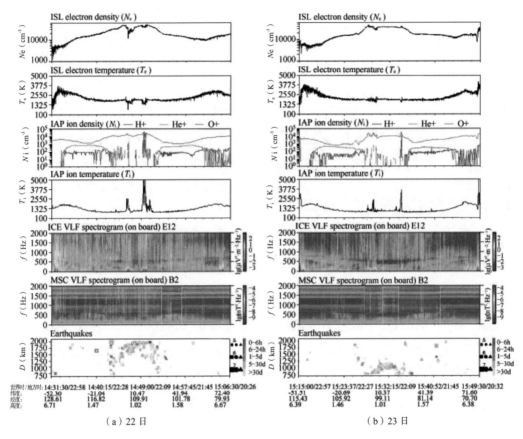

图 3-64　3 月 22 日和 23 日印度尼西亚地震上空各参量扰动图

表 3-5 中统计的异常范围显示，只考虑震中纬度 20° 范围内的异常，但异常的经度范围有时超出 120°，也就是说静电紊流现象出现在一个相对宽的范围内，一般而言，距离地震发震时刻越远，异常出现的范围更大，而临近地震时，异常范围向震中附近收缩，一般只出现在距离震中最近的轨道上。统计了具有共轭异常的地震异常，结果显示在 19 个中低纬度地震中有 8 个地震存在共轭异常，超过 1/3。表 3-5 中给出了对应日期的 Kp 指数，大多数 Kp 日值小于 24，反映受到太阳活动影响的天数较少，也从另一角度说明这些异常可能与地震孕育有关。

地震异常出现的时间方面，有 14 个地震的异常出现在震前 1 天内，或者从震前 3 天持续到发震当日，震后异常 4 次，说明地震孕育过程激发了更多的电离层电磁异常，而震后异常快速消失。

表 3-5 全球 7 级以上强震前的静电紧流异常空间时空分布

日期 年-月-日	时间 时:分:秒	M_S	东经(°)	北纬(°)	深度 (km)	陆地(L) 或海洋(O)	Δt $T-T_e$	异常纬度范围	异常经度范围	异常强度 ($10\mu V^2 \cdot m^{-2} \cdot Hz^{-1}$)	Kp	是否共轭 是(Yes)/ 否(No)
2010-2-27	06:34:16.4	8.8	-72.7	-35.8	33	L	-4 hour	5°~20°S	292°~295°E	2~3	2	N
2010-1-12	21:53:09.85	7.0	-72.53	18.46	10	L	-1 day	5°~20°N	275°~273°E	1~2	13	Y
2009-10-7	22:18:51.24	7.8	166.38	-12.52	35	O	-1 day	3°~20°S	176°~206°E	2	3	Y
2009-9-2	07:55:01.05	7	107.3	-7.78	46	O	-2 day	10°S~10°N	72°~105°E	1~2	11	Y
2009-8-10	19:55:35.61	7.5	92.89	14.1	4	O	-1 day	12°~14N	95°~96°E	1.5~2.5	12	N
2009-3-19	18:17:40.91	7.6	-174.66	-23.05	34	O	-1 day	4°~16S	153°~205°E	1	3	Y
2009-2-18	21:53:45.16	7.0	-176.33	-27.42	25	O	-2 day	0°~30°S	136°~237°E	2~2.5	7	N
							-1 day	30°S~8°N	144°~199°E	1.5	6	Y
2007-12-9	07:28:20.82	7.8	-177.51	-26	152	O	-3 day	10°~30°S	175°~325°E	2	5	N
							-2 day	0°~30°S	175°~270°E	1~2	2	N
2007-11-14	15:40:50.53	7.7	-69.89	-22.25	40	L	-3 day	25°~40°S	294°~297°E	1~1.5	4	Y
							-1 day	10°~23°S	299°~301°E	1.5~2	19	Y
2007-9-2	01:05:8.15	7.2	165.76	-11.61	35	O	-3 day	15°S~10°N	114°~188°E	1.5~2	8	Y
2007-8-8	17:05:04.92	7.5	107.42	-5.86	280	O	-2 day	10°S~25°N	50°~198°E	2	18	N
							-2 hour	4°S~5°N	107°~110°E	2	11	N
2006-7-17	08:19:30.5	7.3	107.4	-9.4	20	O	-3 day	20°S~20°N	60°~185°E	1.9	23	N
2006-5-16	15:28:24.6	7.2	97.2	0.1	12	O	±1 hour	7°N~23°N	88°~115°E	1.5~2	6	N
2006-5-16	10:39:20.4	7.4	-179.31	-31.81	152	O	-1 hour	33°~35°S	198°~200°E	1.5~2	6	N
2006-5-3	15:26:33.8	7.9	-174.2	-20	55	O	-1 day	9.3°S~10°N	172°~202°E	2~3	7	N
2006-1-27	16:58:50.0	7.6	128.1	-5.4	397	O	-2.5 hour	2.8°S~15°N	115°~120°E	2~3	20	Y
2005-9-26	01:55:37.67	7.5	-76.4	-5.68	115	L	-3 day	10°~23°S	317°~369°E	2~3.5	12	N
							+1.5 hour	20°~30°S	283°~286°E	2	24	N
2005-9-9	07:26:43.73	7.6	153.47	-4.54	90	O	-3 day	10°S~10°N	118°~144°E	1.5~2	15	N
2005-3-28	16:09:36.53	8.6	97.11	2.09	30	L	-20 minute	3.5°~14.8°N	93°~95°E	2	9	N

3.2.3 长波辐射

利用 NOAA 长波辐射数据分析了 2004—2010 年我国的 5 级以上和全球 6 级以上共 141 个地震。对国内震例做了短期异常和临震异常分析，对国外震例只做了短期异常变化分析，由于缺少国外的活动构造数据，因此只对国内震例做了地震异常分布与活动断裂的关系研究。

统计结果如表 3-6：

表 3-6　国内外震例长波辐射统计情况

	研究总数	异常出现总数	所占比例	异常出现时间	异常出现空间	与断层关系
短期异常	110	49	44.5%	震前 4 个月到地震当月	多出现在未来震中 500 千米的范围内	在 18 个有异常的国内震例中 8 个震例异常出现的位置与发震断层具有相关性，占 44%
临震异常	31	10	32.3%	地震前 15 天左右	多为 200 千米左右	10 个震例中有 5 个地震临震异常出现的位置与发震断层相关，占 50%

从以上统计分析可以看出，无论是地震前的短期还是临震，都可能出现长波辐射异常，映震比例在 30% ~ 40% 左右。对典型震例的分析结果也表明异常对发震时间和地点指示较好，对地震强度则难以指示，且不同地区震例显示的异常信息特征也存在较大差异。因此，开展地震异常多参量的综合研究是一个重要的手段和趋势。

通过上述地震震例结果的分析以及前人众多研究成果，总结地震前的长波辐射异常主要有以下显著特征：

（1）在出现的时间上，短期尺度的异常（月际）往往发生在地震前的四个月到地震当月，临震尺度的异常出现在地震前 15 天左右。

（2）异常出现的空间位置，一般都位于未来地震的震中区范围内，其中短期尺度的异常（月际），多出现在未来震中 500 千米的范围内，而临震尺度异常（日际）的位置则距离震中区更近，多为 200 千米左右。同时，异常不是大面积出现的，而是较为孤立的点，这是由于地震异常往往只在孕震区出现，而不会像气象上所出现的大面积的异常区。

（3）异常的幅度较为复杂，不是简单的和地震震级、震源深度等呈比例关系，因此利用异常的大小很难对未来地震的震级做出判断。

（4）异常的演化过程能够在一定程度上反映出一次地震事件发展的动态过程，即弱—强—弱—消失的过程。这样的异常相比那些仅在震前出现 1 ~ 2 次即消失的异常可靠性更高。

（5）地震红外异常往往受活动断裂带的控制，因此很多异常都出现在相应的活动断层带上，对于出现在断层带上的异常应该引起重点关注，因为这可能是对一次断层活动过程的揭示，并且可能是对发震构造的指示。

3.2.4　高光谱气体地震异常统计分析

利用卫星遥感技术直接监测地震前后的气体地球化学异常，依赖于具有大气成分探测功能的传感器的发展，丰富的大气成分监测数据为地震遥感气体地球化学监测提供了有效工具。国内外学者进行了多个震例的研究表明，可以利用现有的卫星高光谱数据监测到地震前后大气中的 CO、O_3、CH_4 和水汽等气体异常（Tronin, 2006）。对 2003—2012 年全球 113 个 7 级以上地震的统计研究表明，一半以上的地震会引起大气中的气体地球化学异常（Dey et al., 2004；崔月菊，2014）。

地震引起的气体地球化学异常通常会出现多个参数的异常。如在 2001 年 1 月 26 日印度 Gujarat M_S 7.8 地震前后利用卫星资料发现了 O_3 浓度（Tronin, 2006）、水汽含量（Dey et al., 2004）和 CO 含量（Singh et al., 2010a）3 个参数的增高异常；卫星高光谱观测结果显示汶川地震后 CH_4 和 CO 异常变化与余震分布有较好的对应关系，且地震前 2 个月 CO_2 浓度明显升高（崔月菊等，2016），水汽含量出现升高异常（Singh et al., 2010b）。

遥感气体地球化学异常出现的时间变化多样，在震前几个月、地震当月、震后几个月都可能出现，且异常持续时间也长短各异。通常震级越大，异常持续时间越长，但是又不完全呈成正比关系。2004 年 12 月 26 日苏门答腊北部 8.9 级地震前 4 个月开始出现 CO 总量异常，异常持续时间达 9 个月；在震前 8 个月出现 O_3 异常，异常持续时间达 12 月（孙玉涛等，2014）。然而，2002 年 3 月 31 日台湾 M7.5 地震前 1 天（3 月 30 日）才出现 CO 异常（郭广猛等，2006）；也有一些震例前后异常持续时间较短，如 2012 年 4 月 12 日墨西哥 7 级地震 CO 异常持续时间仅有 1 个月（Cui et al., 2013）。在比月更短的时间尺度（每天的变化）上，多数地震前后的 O_3 变化趋势相似，在地震发生当天 O_3 浓度突然降低，震后逐渐升高，7~14 天达到最高值，然后慢慢降至正常水平（孙玉涛等，2014；Singh et al., 2007；Ganguly, 2009；Amani et al., 2014）。

地球脱气过程在很大程度上受地壳中众多破裂的分布和应力作用的控制，因此遥感气体地球化学异常在空间上一般分布在震中及其附近，异常范围可达到上千千米。

其中，CH$_4$ 异常多受断裂控制，沿断裂分布或者位于断裂交汇部位，如 2008 年 5 月 12 日汶川地震和 2013 年 4 月 20 日芦山地震前后的 CH$_4$ 异常沿 NE 向龙门山断裂带和 NW 向荥经 – 马边断裂带分布，在两条断裂带交汇处异常幅度最大。CO 异常多呈团块状大面积分布，或沿断裂展布。2010 年 4 月 5 日墨西哥南下加利福尼亚 7.1 级地震前后 CO 异常在震前 2 个月时呈分散状，震前 1 个月时集中，呈沿断裂分布的带状，震后又分散减弱（Cui et al., 2013）。该地震前后 CO 异常的空间分布特征，与地表温度演化过程（陈杨，2011）一致。O$_3$ 异常多呈团块状出现，位置稍偏离震中，一般在震中区及距震中几百千米的范围，异常范围大于 CO 异常范围。一些震例 O$_3$ 异常值在震中位置低，而在偏离震中的周围区域异常值高。

地震是地壳应力调整的一种剧烈形式，地下气体的各种变化能够反应构造活动过程。不同地震的不同气体参数的出现时间、持续时间、空间分布、异常持续形式不同（崔月菊，2014；Kasimov et al., 1978；郑乐平，1998），反映了地球内部压力的释放过程，有利于研究不同地震的演化过程。

利用卫星高光谱数据对 2003—2012 全球 113 个 7.0 级以上地震（震源深度小于35km）的震例统计研究，结果如表 3-7 所示，分析认为：

（1）研究的 113 个震例中，出现气体异常（CO、O$_3$/CH$_4$）的震例共有 72 个，其中 O$_3$ 异常震例 65 个，CO 异常震例 54 个，CH$_4$ 异常震例 34 个，三个参量均出现异常的震例有 23 次。

（2）在异常震例中，多数异常出现在震前，以 O$_3$ 为例，43 个出现在震前，12 个震例在地震当月，11 个震例震后出现；CO 和 O$_3$ 持续时间较长，1 ~ 12 个月不等。

（3）异常方式多样，异常气体释放方式有突发式、渐发式（或弥漫式）、阵发式等，异常也以独立、连续、间歇等形式出现。

（4）CO、O$_3$ 和 CH$_4$ 之间相互反应、相互依赖，关系密切。CO 和 CH$_4$ 是 O$_3$ 的重要前体物，都受 OH 浓度的影响，研究它们之间的关系和异常特征有利于了解地震活动的演化过程。

表 3-7　国内外震例高光谱气体统计情况

	研究总数	异常出现总数	所占比例	异常出现时间	异常幅度
CO	113	54	47.8%	−9 个月 ~ +7 个月	0.88 ~ 11.9210^{17}mol·cm^{-2}
O$_3$	113	65	57.5%	−11 个月 ~ +6 个月	11.72 ~ 74.56DU
CH$_4$	113	34	30.1%	−5 个月 ~ +7 个月	1.17 ~ 5.0510^{-8}

第 4 章　岩石层 – 大气层 – 电离层耦合机理

4.1　甚低频电磁波渗透进电离层传播模型

4.1.1　VLF 电波信号介绍

全球分布的地面甚低频（Very Low Frequency, VLF）人工源产生的电磁辐射能渗透进入电离层乃至磁层，对磁层辐射带高能粒子产生影响导致其沉降（Abel et al., 1998a；Abel et al., 1998b；Inan et al., 1984；Bortnik et al., 2006a；Bortnik et al., 2006b）。卫星观测的 VLF 人工源信噪比变化源于地震导致电离层参数的异常增大或减小（Molchanov et al., 2006）。因此，构建地面 VLF 辐射渗透进电离层的传播模型，研究不同地面 VLF 辐射源在电离层中激发的电磁能量分布特征，以及电离层参数等对能量分布的影响，有助于进一步研究粒子沉降和地震电离层电磁异常的物理机制。此外，还将有助于中国电磁试验卫星电磁场观测数据的可靠性验证和数据质量评价。

4.1.2　全波解方法

研究采用 Lehtinen and Inan（Lehtinen et al., 2008）提出的全波有限元方法，该方法在克服数值溢出问题方面具有更好的计算稳定性，并且能够达到很高的计算精度。具体实现方法如下（赵庶凡，2015）。

1）推导水平分层介质中的波场结构

电波时谐因子设为 e^{-jwt}，选取坐标系 x 轴和 z 轴分别指向地磁北和垂直向上，θ 是地磁场 $\boldsymbol{B}_0$ 矢量与 z 轴的夹角。将电离层划分为 $M+1$ 层，每层边界为 z_k, $(k=0,1\cdots,M)$，z_0 代表地面。每层 $\Omega_k=(z_k,z_{k+1}),(k=0,1,\cdots,M-1)$ 高度为 h_k，且每层中介质参数均匀分布，相对磁导率 $\mu=1$，介电常数为张量 $\hat{\varepsilon}_k(\omega)=\varepsilon_0(\hat{\boldsymbol{I}}+\hat{\boldsymbol{\chi}}_k)$，其中

$$\hat{\boldsymbol{\chi}}_k=-\frac{X}{U(U^2-Y^2)}\times\begin{bmatrix} U^2-Y^2\sin^2\theta & \mathrm{j}YU\cos\theta & -Y^2\cos\theta\sin\theta \\ -\mathrm{j}YU\cos\theta & U^2 & \mathrm{j}YU\sin\theta \\ -Y^2\cos\theta\sin\theta & -\mathrm{j}YU\sin\theta & U^2-Y^2\cos^2\theta \end{bmatrix}$$

式中，$X=\omega_\mathrm{p}^2/\omega^2$，$Y=\omega_\mathrm{H}/\omega$，$Z=v_\mathrm{e}/\omega$，$U=1+\mathrm{j}Z$；$\omega$ 是电波的角频率；ω_p 是等离子

体频率；ω_H 是电子回旋频率；v_e 是总碰撞频率。

引入电磁场的傅里叶变换，将麦克斯韦方程组从空间域转换到波数域得到麦克斯韦方程组的矩阵形式

$$\frac{\mathrm{d}V_k}{\mathrm{d}z} = -\mathrm{j}k_0 \hat{T}_k V_i$$

式中 $V_k = \left[\tilde{E}_{xk}, \tilde{E}_{yk}, \tilde{H}_{xk}, \tilde{H}_{yk}\right]$ 表示第 k 层的水平波场分量的傅里叶变换，k_0 是自由空间的波数。矩阵 $\hat{T}_k$ 是一个 4×4 矩阵，称为第 k 层的特征矩阵，由该层介电常数决定。矩阵方程的解如下式：

$$V_k = \hat{W}_k \begin{bmatrix} U_k \\ D_k \end{bmatrix}$$

式中 $W_k^i (i = 1,2,3,4)$ 为特征矩阵对应的四个特征向量，$U_k = \begin{bmatrix} U_k^1 \\ U_k^2 \end{bmatrix}$，$D_k = \begin{bmatrix} D_k^1 \\ D_k^2 \end{bmatrix}$ 分别为第 k 层中两个上行特征波和两个下行特征波的振幅。

令 $\hat{W}_k^{-1} \hat{W}_{k+1} = \hat{T}_k^d$；$\hat{W}_{k+1}^{-1} \hat{W}_k = \hat{T}_k^u$，并将它们分别表述为 4 个 2×2 的子矩阵的形式：

$$\hat{T}_k^d = \begin{bmatrix} \hat{T}_{k,uu}^d & \hat{T}_{k,ud}^d \\ \hat{T}_{k,du}^d & \hat{T}_{k,dd}^d \end{bmatrix}; \quad \hat{T}_k^u = \begin{bmatrix} \hat{T}_{k,uu}^u & \hat{T}_{k,ud}^u \\ \hat{T}_{k,du}^u & \hat{T}_{k,dd}^u \end{bmatrix}$$

令 $\hat{P}_k^u = \begin{bmatrix} e^{ik_0 n_{zk}^1 h_k} & 0 \\ 0 & e^{ik_0 n_{zk}^2 h_k} \end{bmatrix}; \quad \hat{P}_k^d = \begin{bmatrix} e^{ik_0 n_{zk}^3 h_k} & 0 \\ 0 & e^{ik_0 n_{zk}^4 h_k} \end{bmatrix}$

2）递推计算反射系数

定义源以上每层的反射系数 $\hat{R}_k^u = D_k / U_k (s \leqslant k \leqslant M)$ 和源以下每层的反射系数 $\hat{R}_k^d = U_k / D_k (0 \leqslant k \leqslant s)$。由于电场和磁场的水平分量在每一层的边界处连续，可以得到辐射源以上每一层的反射系数从上往下递推关系式：

$$\hat{R}_k^u = \left(\hat{P}_k^d\right)^{-1} \left(\hat{T}_{k,du}^d + \hat{T}_{k,dd}^d \hat{R}_{k+1}^u\right) \left(\hat{T}_{k,uu}^d + \hat{T}_{k,ud}^d \hat{R}_{k+1}^u\right)^{-1} \left(\hat{P}_k^u\right)$$

因为 M 层没有上边界只存在上行波模，因此可以通过该递推关系自上而下递推出源以上各层的反射系数矩阵 $\hat{R}_k^u (s \leqslant k \leqslant M)$。

类似的，可以得到辐射源以下每一层的反射系数从下往上递推关系：

$$\hat{R}_{k+1}^d = \left[\hat{T}_{k,uu}^u \hat{P}_k^u \hat{R}_k^d \left(\hat{P}_k^d\right)^{-1} + \hat{T}_{k,ud}^u\right]\left[\hat{T}_{k,du}^u \hat{P}_k^u \hat{R}_k^d \left(\hat{P}_k^d\right)^{-1} + \hat{T}_{k,dd}^u\right]^{-1}$$

对于地表，我们认为是良导体，认为 $z_1=0$ 处的电场水平分量等于零，因此有 $\hat{R}_0^d = U_0/D_0 = -\left(\hat{W}_0^{Eu}\right)^{-1}\hat{W}_0^{Ed}$，可利用递推公式从下向上计算出源以下每一层的反射系数 $\hat{R}_k^d\,(0 \leqslant k \leqslant s)$。

3）推导波模振幅的递推关系式

我们利用向上的反射系数 $\hat{R}_k^u$ 可得源以上每一层的上行波振幅从上往下的递推关系 $U_{k+1} = \left(\hat{T}_{k,uu}^u\hat{P}_k^u + \hat{T}_{k,ud}^u\hat{P}_k^d\hat{R}_k^u\right)U_k$。同样类似地，利用向下的反射系数 $\hat{R}_{k+1}^d$ 可得源以下每一层的下行波振幅递推关系 $D_k = \left(\hat{P}_k^d\right)^{-1}\left(\hat{T}_{k,du}^d\hat{R}_{k+1}^d + \hat{T}_{k,dd}^d\right)D_{k+1}$。

4）辐射源边界处理

对于地面 VLF 人工源，可将其理想化为位于地表的垂直电偶极子，引入傅里叶变换可得考虑了源项的麦克斯韦方程组的矩阵形式（潘威炎，2004）：

$$\frac{\mathrm{d}V_k}{\mathrm{d}z} = -\mathrm{j}k_0\hat{T}_kV_i + f_e\delta(z)$$

矩阵方程解为 $\begin{bmatrix} S_u \\ -S_d \end{bmatrix} = \hat{W}_s^{-1}f_e$。其中 $f_e = \dfrac{Idl\eta}{4\pi^2}\left[\dfrac{k_x}{k_0}, \dfrac{k_y}{k_0}, -M_{yz}, M_{xz}\right]$，对应于 VLF 人工源激发的上行和下行波模的激励系数记做 S_u 和 S_d，$S_u = \begin{bmatrix} S_u^1 \\ S_u^2 \end{bmatrix}$，$S_d = \begin{bmatrix} S_d^3 \\ S_d^4 \end{bmatrix}$。

对于源所在的第 S 层，根据两种反射系数的定义，并考虑到源的激励系数导致的 $D_s^- - D_s^+ = S_d$，$U_s^+ - U_s^- = S_u$，我们可以求解得到源处上行波模和下行波模的振幅。带入 3）中振幅的递推关系式，可以求解区域内每一层当中的 U_k 和 D_k，从而得到每一层中的电场和磁场强度在波数域的解。

5）傅里叶逆变换时混叠问题的处理

需要通过傅里叶逆变换将波数域的电场和磁场强度转换回空间域，在研究中发现共振会导致傅里叶逆变换时容易发生混叠，导致空间域的解出现问题。为了克服混叠问题在进行傅里叶逆变换时不能采用均匀的积分网格划分。在共振区附近，选取尽可能小的波数步长，增加积分个数。同时为了保证计算效率，当水平波数远离共振点时，可以选择较为稀疏的积分网格划分。

4.1.3　不同参量影响因子仿真模拟

在计算时将 65km 为电离层底边界，65～250km 为水平分层各向异性电离层，分层厚度为 1km。利用 IRI 模型计算电子数密度在 65～250km 的剖面，碰撞频率采用指数模型。利用 IGRF 模型计算地磁场强度和地磁场倾角（赵庶凡等，2016，2017）。

4.1.3.1　不同辐射频率对电磁响应分布的影响

本小节模拟辐射功率为 1000 kW 的地面垂直电偶极子，辐射频率分别为 20、10、5kHz 激发的电磁波能量的空间分布。由图 4-1 左列可见辐射源的频率对地球 - 电离层波导中以及电离层中的能流分布的形态和大小有较大影响。随着辐射频率降低，波导和电离层中的能量减小。渗透进电离层的能流聚集成束向特定方向传播，能量束在辐射源处的磁力线指向一侧，但是随着频率减小，原本集中在辐射源一侧的能量束变成两束。从电离层中 120 km 与 250 km 处的坡印廷变化曲线可见，两个高度曲线形态及大小基本一致，只是水平位置向左错动，射线仰角为向地理北 57°，与地磁场倾角 -55° 基本一致，说明 250 km 处的能流是由 120 km 处的场沿地磁场方向向上映射的，也就是说 VLF 电磁波在穿透 120 km 以下的低电离层后，将以哨声模形式基本无损耗地沿磁力线向高电离层传播。随着频率降低，由第三行图可见 5 kHz 时能流的变化形态从辐射源附近的单峰结构变成两个场强峰值，对照左列即电离层中的能量束从单束变成双束。

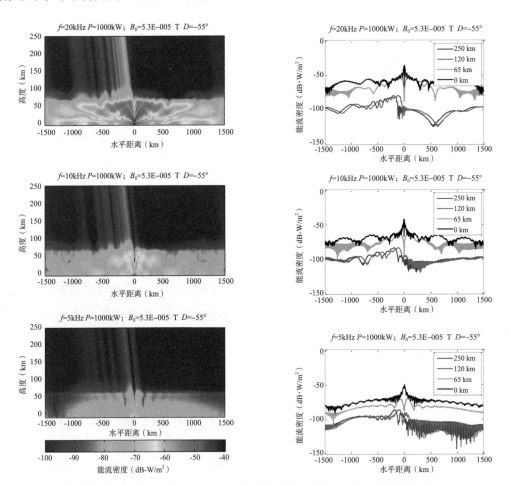

图 4-1　不同频率辐射源的坡印廷能流随高度和水平传播距离的分布 (从上到下依次为 20、10、5kHz)

4.1.3.2　不同辐射功率对电磁响应分布的影响

本节模拟辐射频率为 20 kHz，辐射功率为 1000、500、100 kW 的坡印廷能流空间分布（图 4-2）。可见辐射源的功率不影响波导中以及电离层中的能流空间分布形态，只影响能量的大小；功率越低，波导和电离层中的能量显著减小。

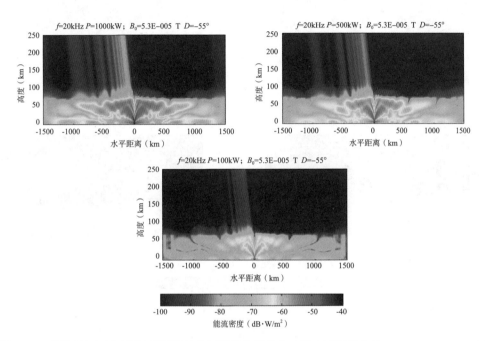

图 4-2　不同辐射功率下偶极子源的坡印廷能流空间分布（从上到下依次为 1000、500、100 kW）

图 4-3 是不同辐射功率下，不同高度能流密度的最大值随高度的变化曲线，可见辐射功率越低，在地球－电离层波导和电离层中激发的能流越小。波导中能量的衰减和电离层 D/E 区吸收与辐射源功率无关。

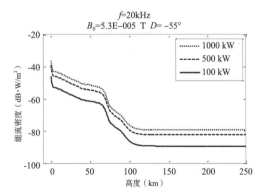

图 4-3　不同辐射功率下每一高度坡印廷能流极值随高度的变化曲线

4.1.3.3　不同地磁场强度和地磁倾角对电磁响应的影响

计算地磁场强度分别为 5.3×10^{-3}、5.3×10^{-4}、5.3×10^{-5}、5.3×10^{-6} T 时坡印廷能流的空间分布，如图 4-4 和图 4-6 所示。可见地磁场强度大小对地球－电离层波导中能量的大小和分布没有影响，主要影响电离层 D/E 区的吸收即渗透进入电离层的能量。结果表明电离层中能量渗透的集中区域在辐射源处的磁力线指向一侧，随着地磁场强度的减小，电离层中的能量越小，即电磁辐射越难进入电离层。

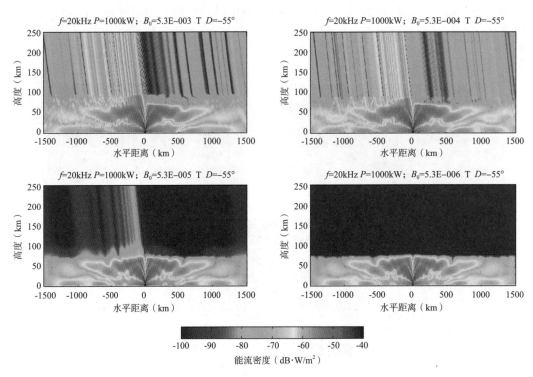

图 4-4　不同地磁场强度下偶极子源的坡印廷能流空间分布

计算地磁场倾角分别为 88°、-9°、-30°、-77° 时地表垂直电偶极子激发的电磁场空间分布，如图 4-5 所示。由图可见在计算范围内地球 - 电离层波导中的能流分布的形态和大小不受地磁场倾角的影响。但是，地磁场倾角对渗透进电离层中的能量分布形态起着重要的作用，模拟结果得到不同地磁场倾角下能量束的角度分别是 89°、0°、-34°、-78°，可见地磁场方向基本决定了电离层中电磁能量束的方向，即能流倾向于沿着磁力线导管传播，尤其在纬度较高的地区，在极区附近电离层中的能量束由辐射源一侧的一束变成以辐射源为中心对称的两束。

由图 4-6 左图可见，当地磁场很小为 5.3×10^{-6} T 时，电离层 D/E 区对电磁辐射的吸收作用非常强烈。地磁场强度增加时，电离层 D/E 区吸收变小，但是当地磁场取值越大超过 5.3×10^{-4} T 后，渗透进电离层中的能量大小基本不再随地磁场的增大而继续增大。这可能是由于当地磁场强度为 5.3×10^{-6} T 时电子回旋频率为 1.5×10^{5} s^{-1}，远小于电离层的碰撞频率 (量级 10^{7} s^{-1})，此时电离层碰撞起主导作用导致能量被吸收无法渗透进入电离层。当地磁场强度为 5.3×10^{-4} T 即回旋频率为 1.5×10^{7} s^{-1} 时，与电离层 D/

E 区碰撞频率 (量级 10^7 s^{-1}) 可相比拟，碰撞不起主导作用，随着地磁场强度继续增加 D/E 区的吸收保持不变。此外由图 4-6 右图可见，地磁场倾角对波导中高度向衰减基本没有影响，主要影响电离层 D/E 区的吸收；地磁场倾角越小，电离层 D/E 区对电磁辐射的吸收作用越强烈。

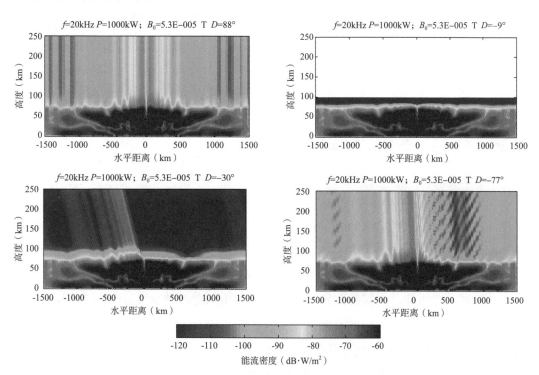

图 4-5　不同地磁场倾角下偶极子源的坡印廷能流空间分布

(以上四幅分图从左上到右下依次为 88°，-9°，-30°，-77°)

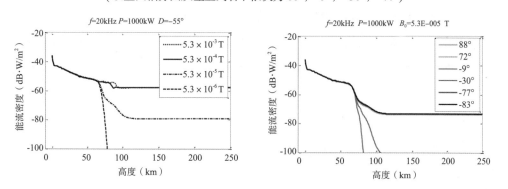

图 4-6　不同地磁场强度（左）和地磁场倾角（右）下每一层坡印廷能流最大值随高度的变化曲线

4.1.3.4　不同电子密度剖面和碰撞频率剖面对电磁响应的影响

本节模拟不同电子密度剖面和碰撞频率对电磁响应空间分布的影响。将之前模拟时使用的电子密度称为"正常",研究电子密度"正常",在"正常"基础上增大一个量级,和在"正常"基础上减少一个量级 3 种剖面下,不同高度的电磁能量最大值变化。类似地,模拟不同碰撞频率下电磁能量随高度的变化,结果如图 4-7 所示。电子密度和碰撞频率对波导中能量大小和分布没有影响,主要影响电离层 D/E 区的吸收。电子密度和碰撞频率越小,电离层 D/E 区对电磁辐射的吸收作用越小。

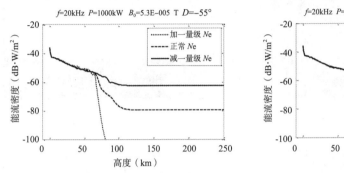
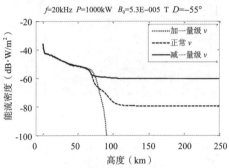

图 4-7　不同电子密度(左)和碰撞频率(右)下每一层坡印廷能流最大值随高度的变化曲线

4.1.3.5　在地球-电离层波导和低电离层中的衰减

由前述几节可知,不同特性的 VLF 辐射源在不同地磁场参数、电离层参数下,在地球-电离层波导中高度向的衰减,以及在低电离层(D/E 区)的吸收不尽相同,因此最终渗透进电离层的能量也不同。我们将地球-电离层波导上下边界能流密度最大值之差定义为波导中高度向的衰减,将波导上边界和 120km 高度的能流密度最大值之差定义为电离层 D/E 区的吸收,得到的两种衰减随辐射频率、辐射功率、地磁场大小和倾角、电离层电子密度和碰撞频率的变化如图 4-8 所示。

辐射功率、地磁场参数和电离层参数变化对波导中高度向电磁波能量的衰减基本无影响,波导中衰减主要受辐射源频率的影响,频率越大,波导中能量高度向的衰减越小,而电离层 D/E 区的衰减越大。辐射源频率小于约 15kHz 左右时,D/E 区的吸收较小,大于 15kHz 左右时,D/E 区吸收比波导中的衰减大。辐射源功率不但对波导中的衰减没有影响,对 D/E 区吸收也无影响,D/E 区的吸收比波导中衰减大约 8dB。当地磁场强度很小的时候,D/E 区的吸收极大,电磁波无法穿透低电离层,随着地磁强度增大,D/E 区中的吸收逐渐减小,但当地磁强度增大到 10^{-5}T 的量级之后,D/E 区中的吸收就不再随地磁场强度增加而减小。D/E 区吸收在磁赤道处非常大,随地磁倾角增大而减小。电离层 D/E 区吸收随电子密度、碰撞频率的增大而增大。

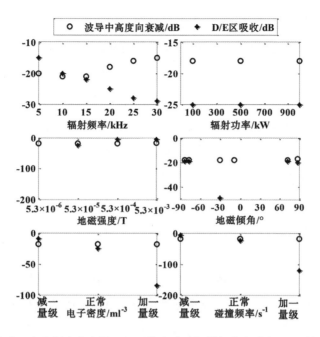

图 4-8　地球－电离层和电离层 D/E 区的衰减随辐射频率和功率、地磁场大小和倾角、
电离层电子密度和碰撞频率的变化

为了研究波导中高度向的衰减和 D/E 区吸收引起的总衰减量，给出辐射源在地表
激发的能流以及经过波导衰减和 D/E 区吸收后进入电离层中的能流大小，如图 4-9 所
示。由图可见辐射频率越高，在地表激发的能流越大，渗透到电离层的能流也越大，
但是由两者的差值可见，总的能流损耗也略有增大。

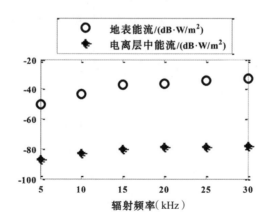

图 4-9　不同辐射频率在地表和电离层中产生的最大能流

4.1.3.6　小结

研究建立了地面 VLF 电磁辐射渗透电离层传播的二维全波解模型，可计算地面各

种类型的 VLF 辐射源在空间激发的电磁能量分布,用于进一步研究 VLF 人工源对辐射带高能粒子沉降,探索地震电离层电磁异常的物理机制。利用该模型研究了不同辐射源参数(辐射频率和功率)的地面 VLF 辐射源,在不同地磁场参数和电离层参数条件下激发的电磁能量分布特征,并重点关注了电离层 D/E 区吸收,得出以下结论:①辐射源的频率在控制地球 – 电离层波导中以及电离层中的能流分布的形态和大小方面占有重要作用。频率越低,波导中能量高度向的衰减越大,而电离层 D/E 区对其吸收作用却越小。辐射功率与能量分布呈线性关系。②地磁场强度和地磁倾角,电离层电子密度和碰撞频率对地球 – 电离层波导中的能量的大小和分布形态都没有影响,主要影响电离层 D/E 区的吸收,说明在研究 VLF 人工源在波导中的近距离传播时,忽略地磁场以及电离层参数等波导上边界参数的影响是合理的,而研究渗透进电离层的传播必须考虑地磁场的影响。③地磁场倾角对渗透进电离层中的能量分布形态以及电离层 D/E 区的吸收起着重要的作用。地磁倾角越小,电离层中的能量束相对辐射源的偏角越小,电离层对电磁波的吸收增大,因此纬度越高电磁辐射越容易穿透进入电离层,靠近磁赤道时,能量基本无法进入电离层。④电离层电子密度和碰撞频率越小,电离层 D/E 区对电磁辐射的吸收作用越小,进入电离层的能量越大,所以夜间电磁辐射更容易穿透进入电离层。

4.2 岩石圈 – 大气层 – 电离层直流电场耦合模型

有多种物理假说试图解释地震电离层异常电场机制,Pulinets 等(Pulinets et al., 2010;Pulinets et al., 2003;Pulinets et al., 2000)提出了由于活动构造断层附近的大气电离和水化作用,改变了震中附近的大气电场,从而渗透进电离层,造成电离层扰动现象。Sorokin 等(Sorokin et al., 2001;Sorokin et al., 2005;Sorokin et al., 2007)认为震前带电气体排放和氡气电离将在近地空间形成附加电流,并扰动大气层 – 电离层静电环境,最终引起电离层电场异常。Freund 等(Freund et al., 2009;Freund, 2011)基于固体物理学理论,指出岩石在震前压力作用下,内部生成 P-hole,当 P-hole 聚集地表处时会电离大气层底部的中性分子,产生异常电场,进而影响到电离层异常。虽然上述的模型机制的原理各不相同,但对电离层电场干扰的途径是相似的。在压力作用下,岩石层破碎释放某种物质,在地表处或大气底层发生复杂的反应,产生大量额外的离子。这些离子的传输和反应改变大气层的电场或电流形态,进而在电离层产生异常电场,产生 $E \times B$ 漂移,扰动电离层各个参数,我们命名为 LAIC 电场渗透(刘祎等,

2018；Zhou et al., 2017；杨许铂等，2014）。

在此主要通过建立三维电离层电场渗透模型，并通过 SAMI2 模拟电离层异常电场对背景电子密度的影响，研究地震前电离层异常现象。

4.2.1　物理模型

4.2.1.1　三维电场渗透模型

大气电场弛豫时间 $\tau_0 = \varepsilon_0 / \sigma_0$ 是大气物理中重要参数，它表示的是从任意初态到建立最后稳态所需要的开关时间。地面上大气的电导率 $\sigma_0 > 10^{-14} \mathrm{S/m}$，而 $\varepsilon_0 = 8.86 \times 10^{-12} \mathrm{F/m}$，求的 $\tau \approx 100\mathrm{s}$。当事件的持续时间大于半小时，适用于稳态条件。此时将满足欧姆定律和电荷守恒条件。

$$\nabla \times E = 0 \tag{4.1}$$

$$\nabla \cdot j = 0 \tag{4.2}$$

$$j = \sigma \cdot E \tag{4.3}$$

$$E = -\nabla \Phi \tag{4.4}$$

主要考虑在地磁偶极子坐标系（t, s, φ）下研究电场渗透问题，与球坐标的转换关系如下（Yu et al., 2013；Takeda et al., 1980）：

$$t = \frac{r_0 \sin^2 \theta}{r}, \quad 0 \leqslant \theta \leqslant \pi \tag{4.5}$$

$$s = \frac{r_0^2 \cos \theta}{r^2}, \quad 0 \leqslant \theta \leqslant \pi \tag{4.6}$$

$$\varphi = \varphi \tag{4.7}$$

式中，r 表示为点到地心的距离，即半径长度；φ 表示为地磁经度；θ 为地磁余纬；$r_0 = R_e + z_o$，为电离层下边界半径长度，其中 $R_e = 6371$ 为地球半径。

偶极子坐标系下，电流连续性方程(4.2)，欧姆定律(4.3)以及静电方程(4.4)将化为下列形式：

$$\frac{\partial}{\partial t}(h_s h_\varphi j_t) + \frac{\partial}{\partial \varphi}(h_t h_s j_\varphi) + \frac{\partial}{\partial s}(h_\varphi h_t j_s) = 0 \tag{4.8}$$

$$
\begin{aligned}
j &= \sigma_\parallel \vec{E}_\parallel + \sigma_p \vec{E}_\perp + \sigma_h (b \times \vec{E}_\perp) \\
&= (\sigma_p E_t + \sigma_H E_\varphi)\vec{e}_t + (\sigma_p E_\varphi - \sigma_H E_t)\vec{e}_\varphi + \sigma_\parallel E_t \vec{e}_\parallel
\end{aligned} \tag{4.9}
$$

$$\vec{E} = -\frac{1}{h_t}\frac{\partial \Phi}{\partial t}\vec{e}_t - \frac{1}{h_s}\frac{\partial \Phi}{\partial s}\vec{e}_s - \frac{1}{h_\varphi}\frac{\partial \Phi}{\partial \varphi}\vec{e}_\varphi \tag{4.10}$$

在地磁偶极子坐标系下，假设磁力线是等电势，合并式 (4.8) ~ (4.10) 则得到静电势方程为：

$$\frac{\partial}{\partial t}(a\frac{\partial \Phi}{\partial t}) + \frac{\partial}{\partial \varphi}(b\frac{\partial \Phi}{\partial \varphi}) + \frac{\partial c}{\partial \varphi}\frac{\partial \Phi}{\partial t} - \frac{\partial c}{\partial t}\frac{\partial \Phi}{\partial \varphi} = -\frac{\partial}{\partial s}(h_\varphi h_t j_s) \tag{4.11}$$

式中：

$$a = -\sigma_p \frac{h_s h_\varphi}{h_t}, \ b = -\sigma_p \frac{h_t h_s}{h_\varphi}, \ c = \sigma_h h_s \tag{4.12}$$

$$\begin{cases} h_t = \dfrac{r^2}{r_0 \sin\theta(1+3\cos^2\theta)^{1/2}} \\ h_s = \dfrac{r^3}{r_0^2(1+3\cos^2\theta)^{1/2}} \\ h_\varphi = r\sin\theta \end{cases} \tag{4.13}$$

在中低纬度地区，高场向电导率的磁力线将南北两个半球电离层联结一起，其作用相当于电线联结两个导电体。当磁力线一端的电势高于另一端时，电流将从高电势流向低电势，使得磁力线两端电势值相等。考虑南北半球磁共轭效应，对 (4.11) 沿磁力线积分得到：

$$A\frac{\partial^2 \Phi}{\partial t^2} + B\frac{\partial^2 \Phi}{\partial \phi^2} + D\frac{\partial \Phi}{\partial t} + E\frac{\partial \Phi}{\partial t} = F$$

$$A = \int_{S_1}^{S_2} a \cdot \mathrm{d}s + \int_{S_3}^{S_4} a \cdot \mathrm{d}s$$

$$B = \int_{S_1}^{S_2} b \cdot \mathrm{d}s + \int_{S_3}^{S_4} b \cdot \mathrm{d}s \tag{4.14}$$

$$D = \frac{\partial}{\partial t}\int_{s_1}^{s_2} a \cdot \mathrm{d}s + \frac{\partial}{\partial \phi}\int_{s_1}^{s_2} c \cdot \mathrm{d}s + \frac{\partial}{\partial t}\int_{s_3}^{s_4} a \cdot \mathrm{d}s + \frac{\partial}{\partial \phi}\int_{s_3}^{s_4} c \cdot \mathrm{d}s$$

$$E = \frac{\partial}{\partial t}\int_{S_1}^{S_2} -c \cdot \mathrm{d}s + \frac{\partial}{\partial \phi}\int_{S_1}^{S_2} b \cdot \mathrm{d}s + \frac{\partial}{\partial t}\int_{S_3}^{S_4} -c \cdot \mathrm{d}s + \frac{\partial}{\partial \phi}\int_{S_3}^{S_4} b \cdot \mathrm{d}s$$

$$F = h_t h_\varphi j_{s1} - h_t h_\varphi j_{s4}$$

式中，S_1、S_2 分别表示南半球电离层上下边界；S_3、S_4 表示北半球电离层上下边界。定义积分高度范围为 90～400km。

当计算区域远离极点和赤道区域时，设求解区域为 $[t_{\min}, t_{\max}] \times [\varphi_{\min}, \varphi_{\max}]$。其中 $t_{\max} = t_0 + 0.1$ 表示最靠近地磁赤道上的磁力线，$t_{\min} = t_0 - 0.1$ 为最远离磁赤道的磁力线，$\varphi_{\min} = \varphi_0 - \dfrac{10}{360}\pi$、$\varphi_{\max} = \varphi_0 + \dfrac{10}{360}\pi$ 为磁经度的左右边界。以 0.001 为格距划分 $[t_{\min}, t_{\max}]$ 区间，以 $\dfrac{0.1}{360}\pi$ 为格距划分 $[\varphi_{\min}, \varphi_{\max}]$ 区间。当边界远离电流流进区域时，可采用狄利克

雷条件，设边界处电势为 0：

$$\Phi(t_{\min,\max},\varphi)=0 \tag{4.15}$$

$$\Phi(t,\varphi_{\min,\max})=0 \tag{4.16}$$

电离层电势方程 (4.14) 是二维的椭圆形偏微分方程，加上边界条件 (4.15),(4.16) 可被松弛迭代法求解。解出 Φ 带入 (4.10) 式即得到电离层电场分布。其中 (4.10) 式中的坐标单位向量为：

$$\vec{e}_t=\frac{-\sin\theta\cdot\vec{e}_r+2\cos\theta\cdot\vec{e}_\theta}{\left(1+3\cos^2\theta\right)^{\frac{1}{2}}}$$

$$\vec{e}_s=\frac{-2\cos\theta\cdot\vec{e}_r-\sin\theta\cdot\vec{e}_\theta}{\left(1+3\cos^2\theta\right)^{\frac{1}{2}}} \tag{4.17}$$

$$\vec{e}_\varphi=\vec{e}_\varphi$$

4.2.1.2　SAMI2 模型

电离层模拟是研究电离层的有效方式之一，基于地基、卫星等观测，建立了一种新的中低纬电离层模型。SAMI2 模型是在偏心偶极子坐标系下，求解了 7 种离子 $\left(H^+,He^+,N^+,O^+,N_2^+,NO^+,O_2^+\right)$ 的连续性方程和动量方程以及 $\left(H^+,He^+,O^+\right)$ 和电子的温度方程，可以计算一个磁子午面内海拔 100km 到数千 km 空间范围内的等离子体密度、速度和温度 (Huba et al., 2000)。SAMI2 数值模拟了等离子体沿着磁力线的 $E\times B$ 漂移过程，其中垂直漂移速度通过 Fejer 模型（Huba et al., 2000；Fejer et al., 1999）给出，即先得到位于同一磁子午面内在磁赤道上的漂移速度，再对网格已经划分好的情况下按照一定的比例求解出磁子午面内同一条磁力线上其余点的漂移速度。

4.2.1.3　地震电离层异常数值模拟

为了研究地震前期地表形成的异常垂直电场渗透进电离层对背景电离层电子浓度的影响，以 2010 年智利 M_W8.8 级地震、2011 年日本 M_W9.1 级地震以及 2015 年尼泊尔 M_W7.8 级地震为例，研究了震前 4 天的异常电场分布和电离层电子密度扰动情况，表 4-1 为三次地震的地震目录信息。

表 4-1　三次地震的地震目录信息

No.	日期	时间（LT）	纬度（°）	经度（°）	震级
1	2010-02-27	03:34	36.12°S	72.90°W	8.8
2	2011-03-11	14:46	38.30°N	142.37°E	9.1
3	2015-04-25	11:56	28.24°N	84.74°E	7.8

4.2.2 三维电场渗透模拟

基于三维电场渗透模型，模拟三个地区震前 4 天的异常电场分布情况。设定大气层 – 电离层间的传导性电流为：

$$
\begin{aligned}
&j_z(x,y) = j_{0,\max}(\frac{1+\cos(\frac{x\pi}{a_x})}{2}) \cdot (\frac{1+\cos(\frac{y\pi}{a_y})}{2}) \\
&a_x = 200\mathrm{km}, \quad a_y = 200\mathrm{km} \\
&j_{0,\max} = 4.0 \times m \times 10^{-7}\,\mathrm{A/m^2} \\
&m = \sqrt{10^{1.5(M_2-M_1)}}
\end{aligned}
\tag{4.18}
$$

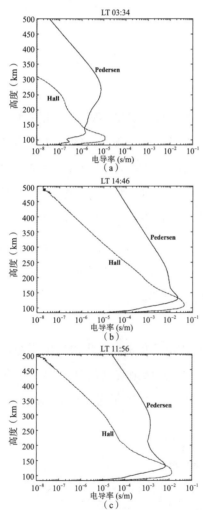

图 4-10　三个地区地震发生 4 天前对应同一时间的电导率高度剖面图
(a)、(b)、(c) 分别对应智利地区、日本地区、尼泊尔地区

式中，a_x、a_y 表示地表垂直大气电场在 x、y 轴上的尺度；$j_{0,\max}$ 表示地表峰值电流；M_1 为尼泊尔地震震级，M_2 为智利地震震级或日本地震震级。图 4-10(a)、(b)、(c) 分别对应着智利、日本和尼泊尔地区地震发生 4 天前的 Pedersen 和 Hall 电导率剖面。从图中可以看出，由于智利地震发生的时间是在当地时间凌晨 03:34，所以 4 天前对应同一时间的 Pedersen 和 Hall 电导率最小，日本和尼泊尔地区的电导率值相近。

图 4-11 给出了震前 4 天相同时间的位于电离层底部 $z=90\mathrm{km}$ 异常水平电场分布图。其中第一列为总电场强度 $E = \sqrt{E_x^2 + E_y^2}$ 分布，第二列为磁南北向电场强度分布 E_x，第三列为磁东西向电场强度分布 E_y。从上到下分别对应智利、日本和尼泊尔地区，图中电场方向为南北方向上南向为正，东西方向上东向为正。从图中可以看出，地震产生的异常电场渗透进电离层后在电离层底部产生的水平电场方向是由震中向外，电场形状基本呈圆形分布，且电场值随着水平距离的增加呈现增大后减小的趋势，三个地区的最大电场值分别为 16mV/m、1.8mV/m 和 0.16mV/m。此外，电离层底部水平电场强度与

地震震级明显相关，震级越大电场强度越大。同时，电场强度和地震发生时间也密切相关。如图所示智利地区比日本地区的电场强度要大得多，这主要是由于日夜间电导率差导致的。

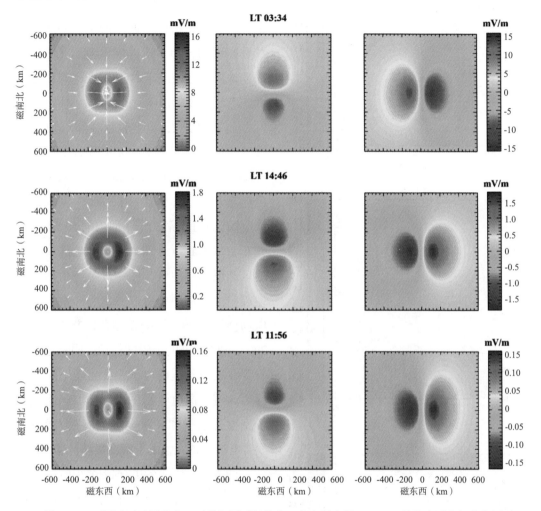

图 4-11　不同地区地震发生 4 天前相同时间的位于电离层底部 $z = 90km$ 异常水平电场分布图
从上到下分别为智利地区、日本地区和尼泊尔地区

图 4-12 为磁东西面上电场强度随高度变化的分布图，图 4-12(a)、(b)、(c) 分别对应智利地区、日本地区、尼泊尔地区。从图中可以看出电场渗透高度和地震震级密切相关，震级越大渗透高度越高。其次，电场渗透高度和地震发生时间也有着明显的相关性。比较图 4-12(a)、(b)、(c) 可以看出，由于日夜间电导率差异较大，智利地区电场渗透高度要比日本地区要高得多。

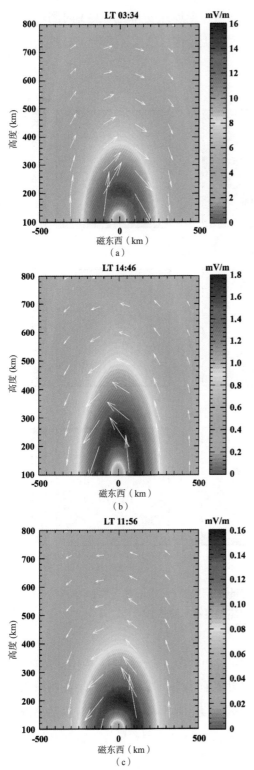

图 4-12　磁东西面上电场强度随高度变化的分布

4.2.3　SAMI2 模拟

　　基于 SAMI2 模型，模拟异常电场对电离层电子密度的影响。由于 SAMI2 只能计算在一个磁子午面上的电子密度随磁纬和高度的分布，所以仅仅考虑在电离层底部地震引起的磁东西向电场 E_y 对磁子午面内电子密度的影响。

　　将智利地震、日本地震和尼泊尔地震 4 天前电离层底部磁东向异常电场加入 SAMI2 模型中，假设地震在电离层中产生的异常电场持续 6 个小时，则图 4-13 为加入电场 6 个小时后磁子午面内电子密度扰动分布，从上到下分别对应智利地区、日本地区和尼泊尔地区，图中红色三角形代表地震中心。从图中可以看出，异常的东向电场会使电子产生 $E \times B$ 漂移，造成在高度 200~400km 处电子密度扰动。同时也可以看到在震中附近的电子密度出现下降，在远离赤道方向电子密度出现增加。此外电子密度扰动量和异常电场值有很大关系，异常电场值越大，电子密度扰动量越大。

　　图 4-14 为加入电场 12 个小时后磁子午面内电子密度扰动分布。从图中可以看出，随着异常电场的消失，电子密度扰动随时间逐渐减小。此外，由于电离层的共轭效应，在电子密度扰动区域对应的磁共轭点处也可观测到了微弱的扰动现象。从图中也可以看出，随着时间的推移，智利地区的电子密度扰动区域向着远离磁赤道方向漂移，而日本和尼泊尔地区的电子密度扰动区域向着磁赤道方向漂移。

结合地震发生前的观测结果，进一步对比模拟和观测是否一致。图 4-15(a) 为尼泊尔地震前产生的磁西向电场对电子密度扰动的影响，图 4-15(b) 为对应时间段观测到的 TEC 扰动分布。从图 4-15(a) 中可以看出磁西向电场会造成在震中附近的电子密度出现增强，在远离赤道方向电子密度出现减弱，从图 4-15(b) 中可以看出对应时间段观测到 TEC 在震中附近出现增强，在远离赤道方向出现减弱，表明模拟结果和观测基本一致。

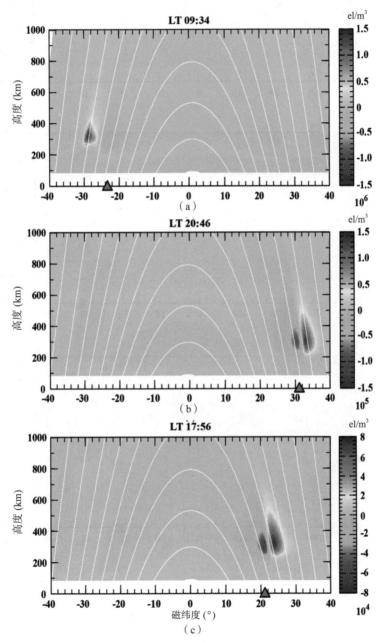

图 4-13　加入电场 6 个小时后磁子午面内电子密度扰动分布

从上到下分别对应智利地区、日本地区和尼泊尔地区，图中红色三角形代表震中

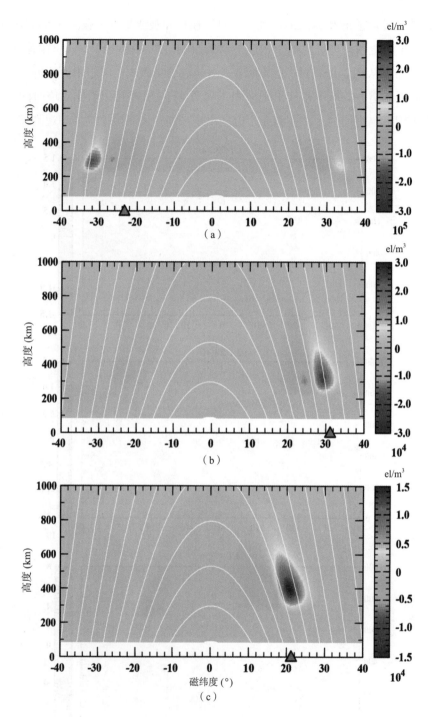

图 4-14 加入电场 12 个小时后磁子午面内电子密度扰动分布
从上到下分别对应智利地区、日本地区和尼泊尔地区，图中红色三角形代表震中

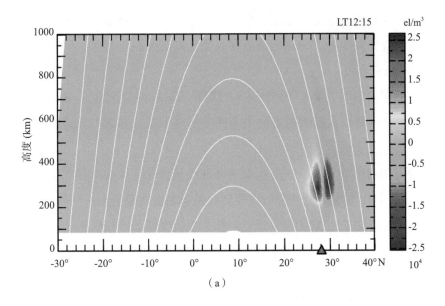

（a）

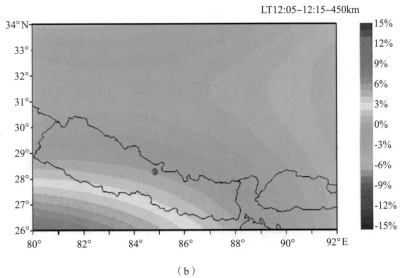

（b）

图 4–15 尼泊尔地区模拟结果和观测结果对比

(a) 磁西向电场对电子密度扰动的影响，图中红色三角形代表震中纬度；

(b) 观测到的对应时间 TEC 扰动，图中红色圆点代表震中

4.2.4 小结

基于三维电场渗透模型和 SAMI2 模型，模拟地震发生前期产生的异常电场对电离层电子密度的影响，从模拟结果中发现：

（1）地震产生的附加电流引起电离层底部水平电场值与震级大小和地震发生时间有关，震级越大电场强度越大，且电场值在夜间比白天要高出很多，同时电场渗透高度和地震发生的位置有关。

（2）异常的东向电场会使电子产生 $E \times B$ 漂移，造成在高度 $200 \sim 400km$ 处电子密度扰动。同时也可以看到在震中附近的电子密度出现下降，在远离赤道方向电子密度出现增加。

（3）随着时间的推移，电子密度扰动逐渐减小且扰动区域向着磁赤道方向或远离磁赤道方向漂移，同时在磁共轭处也可以观测到微弱的扰动现象。

（4）与三次地震的 TEC 观测结果进行对比，发现模拟结果和观测结果基本一致。

第 5 章　CSES 卫星探测计划及震例应用

5.1　卫星介绍

2018 年 2 月 2 日我国首颗电磁监测试验卫星 CSES（China Seismo-Electromagnetic Satellite），也称为张衡一号（简称"ZH–1"），成功发射升空，13 日开始向地面系统传输观测数据，并于 2018 年 11 月正式对外公布科学数据。电磁监测试验卫星搭载三类共 8 种有效科学载荷。一是电磁场有效载荷，包括高精度磁强计、电场探测仪、感应式磁力仪，用于测量直流和低频电磁场及其变化信息；二是电离层原位参数测量有效载荷，包括等离子体分析仪、朗缪尔探针、高能粒子探测仪，用于测量电离层电子和离子的密度、温度、漂移速度以及带电高能粒子通量与运动方向；三是电离层结构层析成像载荷，包括 GNSS 掩星接收机和三频信标发射机，用于测量电离层二维、三维等离子体精细结构及其变化。主要观测物理量见下表（表 5–1）。

表 5–1　CSES 主要探测物理量一览表

探测内容	载荷	物理量	频段或范围	典型分辨率或精度要求
电磁场	电场探测仪	电场强度	DC–3.5MHz	$10\mu V/m$
	高精度磁强计	绝对磁场	DC–15Hz	1.0nT
	感应式磁力仪	变化磁场	0Hz–20kHz	–
等离子体	三频信标发射机、GNSS 掩星接收机	总电子含量	–	10%
		电子密度	–	10%
	等离子体分析仪	离子密度	$5 \times 10^2/ \sim 1 \times 10^7/cm^3$	10%
		离子温度	$500 \sim 10000K$	10%
		离子成分	O^+、H^+、He^+	–
	朗缪尔探针	电子密度	$5 \times 10^2 \sim 1 \times 10^7/cm^3$	10%
		电子温度	$500 \sim 10000K$	10%
高能粒子	高能粒子探测仪	质子能谱	$3 \sim 200MeV$	10%
		电子能谱	$200keV \sim 50MeV$	10%

卫星轨道采用太阳同步轨道，轨道参数如下：

① 轨道高度：507km；

② 轨道倾角：97.4°；

③ 降交点地方时：14:00；

④ 回归周期：5 天；

⑤ 寿命期内的轨迹漂移：不超过 150km。

与法国 DEMETER 卫星相比，CSES 卫星增加了高精度磁强计，可以探测地球基本磁场，另外增加了 GNSS 掩星接收机和三频信标发射机，可以获得卫星下方电离层电子密度剖面和层析成像结果，加强了对局部地区的电离层结构探测能力。对于地震及核爆分析而言，变化电磁场的数据分析尤为重要，相比 DEMETER 卫星，CSES 卫星在 2kHz 以下可全轨道保留时域波形电磁数据，2kHz 以上也保留了三分量电磁场的频谱数据，而 DEMETER 卫星在 kHz 频段只在经过全球强震带的详查模式下才有时域波形数据记录，VLF 频段也只有单分量的功率谱数据，因此 CSES 卫星在对地震及核爆事件分析中将更具优势，尤其是在有全轨道时域波形数据的情况下，可以进一步对波形数据进行滤波及各种频域分析算法的应用，提取其中可能存在的异常现象。

5.2 震例分析

2018 年 8 月 5 日 UT11:46，印度尼西亚发生 M_W6.9 级地震，震中位置为 8.258°S、116.38°E，震源深度 10km，属于典型的浅源地震，本次事件发生时，CSES 卫星已在轨运行半年，数据质量有较高保证。

5.2.1 多参量同步扰动

通过搜索经过震中上空的邻近轨道，发现 7 月 31 日、8 月 1 日接近震中区的两条轨道上出现大幅度的异常扰动现象（图 5-1），图中从上至下分别为轨道飞行轨迹（红色线）和震中位置（蓝色五角星）、电场频谱图、电子密度（N_e）、电子温度（T_e）、离子密度（N_i）、离子温度（T_i），图的最底部显示的是 UT 时间（世界时）、纬度、经度和卫星高度。在电场频谱图像上发现大量的超低频、极低频扰动现象，其中 7 月 31 日的轨道，大幅度扰动出现在赤道以北地区，终止于 10°N 附近，频带分布在 DC—1kHz 这样一个非常宽的范围内，同时在多个等离子体参量引起同步扰动，其中 N_e 和 N_i 均出现幅度下降，T_e 以下降为主，而 T_i 则表现为大幅度上升，甚至达到饱和状态；在 8 月

1 日的邻近轨道上，电场信号的扰动频段变窄，主要集中在 400Hz 以下，信号强度相仿，但等离子体参量的扰动相对减弱，T_e 波动范围较大，其他参量不是特别明显，异常分布区跨赤道，且存在于南北半球。

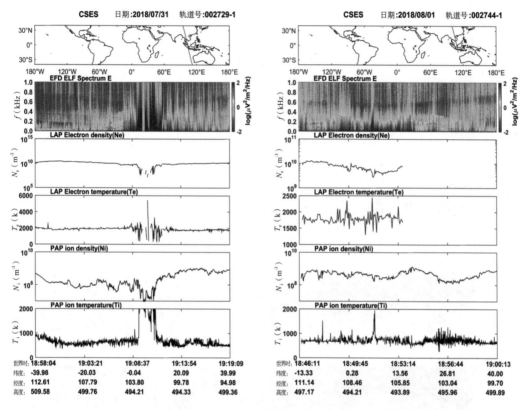

图 5-1　CSES 卫星记录到的 2018 年 8 月 5 日印度尼西亚 M_w6.9 级地震前多参量异常扰动现象

针对 ULF 频段，发现 2018 年 7 月 31 日，即震前 5 天的一条轨道上存在比较明显的扰动现象。电场三分量在赤道偏北地区均有强烈扰动，扰动幅度甚至超过 100mV/m，通过傅里叶变换发现频谱图像在该区域也有明显增强，幅度超过背景场约 2 个数量级。图 5-2 分别展示了 7 月 31 日的轨道上电场 ULF 频段三分量波形 Ex、Ey、Ez 及其各自的 FFT 频谱图像，图的底部给出了世界时 UT/ 地方时 LT、地理经纬度、高度、和地磁经纬度。

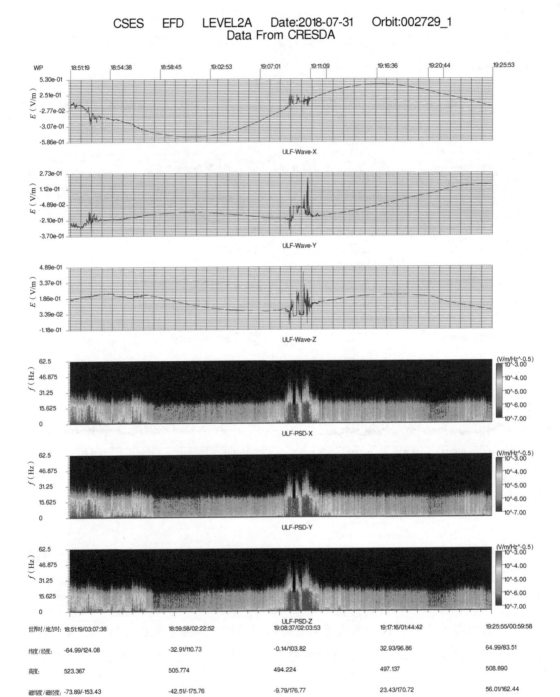

图 5-2　CSES 记录 ULF 频段电场三分量波形与 FFT 频谱图像

5.2.2　空间差值分析

将全球划分为 5°（经度）×2.5°（纬度）网格，每日观测数据按公式（5.1）计算相对变化量，其中 O_data 为每日的观测数据，M_data 为前 30 天中值。

$$(O\_data-M\_data)/M\_data*100 \qquad (5.1)$$

观察每日数据，若除去高纬扰动外，相对变化正向或负向极值仅出现在震中附近，则视其为地震异常。围绕此次地震，分析了地震前 10 天及震后 5 天的数据，发现 7 月 31 日、8 月 7 日白天震中东北方向磁赤道附近电子密度明显增加，8 月 4 日高值区位于震中及共轭点西侧（图 5-3）。夜间 7 月 31 日震中东北方向存在极值，8 月 1 日震中东北及共轭点东侧存在极值，8 月 6 日其他地区虽有小范围极值区，但震中东北方向的极值区更加明显（图 5-4）。

5.2.3　时序分析

选取震中 ±20° 范围内的轨道，对纬度进行 0.5° 的重采样，以 30 条轨道（大约 15 天）数据为背景计算均值（M）及标准差（std），并以 $M\pm2\times std$ 为阈值，按 1 条轨道的步长进行滑动。图 5-5 为夜间轨道的时序图，同空间差值图一致，7 月 31 日、8 月 1 日、8 月 6 日存在正异常，8 月 7 日的正异常在空间差值图中极值区不唯一，8 月 8 日的负异常为整条轨道值的降低，并不仅局限于震中附近（图 5-5）。

5.2.4　GIM TEC 分析

基于 JPL 发布的全球电离层图像数据（GIM TEC），提取 LT02 的空间分布图，应用空间差值的方法对数据进行处理，分析 TEC 的相对变化。7 月 31 日夜间，共轭点附近的 TEC 增加，其位置较 N_e 扰动偏北。如电离层中存在扰动电场，在 $E\times B$ 漂移的作用下，随着高度的增加电子密度扰动逐渐偏向于磁赤道。7 月 31 日震中共轭点附近，位于 500 km 高度上的 N_e 扰动较 TEC 偏向磁赤道（图 5-6）。

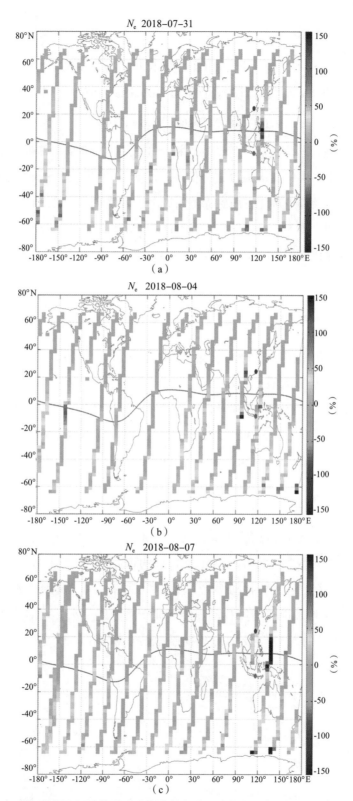

图 5-3 N_e 白天数据空间差值图（蓝线为磁赤道，红点为震中，蓝点为其磁共轭点）

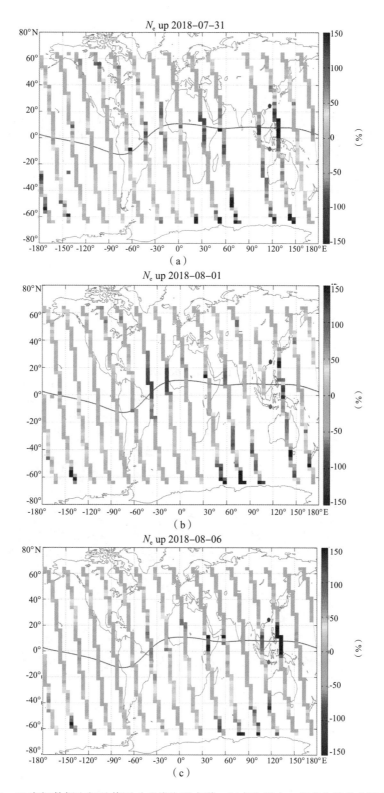

图 5-4　N_e 夜间数据空间差值图（蓝线为磁赤道，红点为震中，蓝点为其磁共轭点）

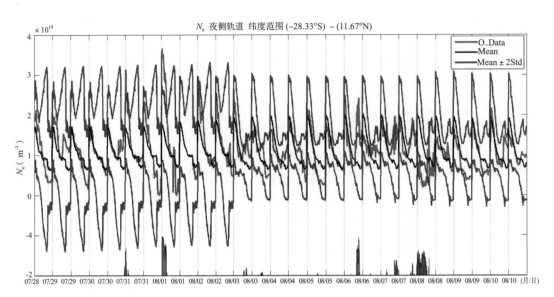

图 5-5　7 月 28 日—8 月 10 日夜间 N_e 时序曲线图

（红色线为观测数据；黑色线为均值；蓝色线为均值 ±2 倍标准差）

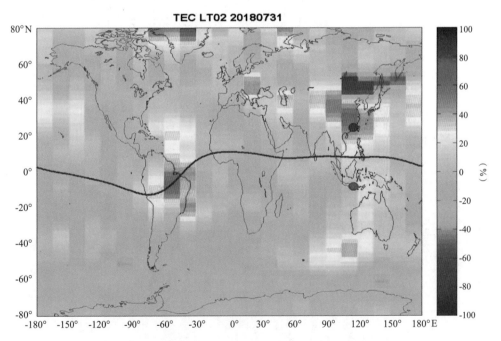

图 5-6　7 月 31 日 JPL TEC 02:00 (LT) 空间分布图

（蓝线为磁赤道，红点为震中，蓝点为其磁共轭点）

5.2.5　垂测数据分析

搜索全球垂测站，离震中较近且地震发生前后有数据的仅有澳大利亚的一个垂测站（DW41K，图 5-7），用滑动背景及二倍均方差方法进行时序分析。对应 N_e 的扰动，F2 层临界频率（foF2）仅在 8 月 6 日出现了正异常，7 月 31 日、8 月 1 日、8 月 4 日及 8 月 7 日并未发现与 N_e 的同步扰动（图 5-8），这可能与卫星探测到的扰动主要出现在震中的北侧有关（图 5-3，图 5-4）），震中南侧未发现明显异常。

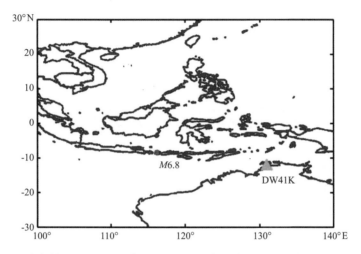

图 5-7　澳大利亚 DW41K 电离层垂测站（绿色三角形）和震中位置（红点）分布

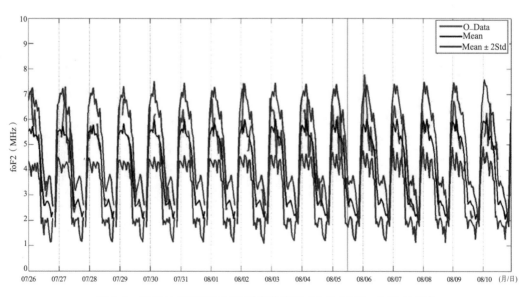

图 5-8　垂测站 DW41K foF2 时序曲线图（7 月 26 日—8 月 10 日）

5.3　未来计划

2018 年 9 月，CSES 二号星已正式启动，二号星在一号星的基础上将保持相同的八个科学载荷配置，部分指标更加优化，并新增光度计探测。二号星预计 2022 年发射升空，以便与一号星有同期在轨运行时间，形成星座观测系统，二号星轨道参数与一号星类似，并与一号星形成一定角度，填补一号星的观测空白区，以实现更好的空间分辨率。二号星的发射将为多卫星建立联合星座，开展星座联合运行试验提供很好的机会和平台。

第 6 章　未来展望

随着科技进步和社会发展，地球物理场探测研究愈益得到重视，作为地球观测系统的重要组成部分，地球物理场卫星计划发展成为航天强国建设不可或缺的重要内容。而卫星技术的应用已经渗透至防震减灾各个环节，以其高效率、全覆盖、跨视距等特性发挥了传统地面观测不可替代的作用，在推动我国防震减灾能力建设方面显示了巨大的应用前景。

地震监测预测主要通过成像遥感和地球物理场探测技术，获取地震前后连续的地球物理场和地球化学场变化信息，包括地球电磁场、重力场、温度场、地壳形变场、和地球化学场等，目前主要包括探测温度场的红外卫星、电磁场的电磁卫星、重力场的重力卫星，探测地壳形变的 GNSS、InSAR、LIDAR 卫星，地球化学场的高光谱气体探测卫星等，为地震监测预测研究提供了坚实的数据基础。

前期的全球强震研究结果表明，围绕一次地震的孕育发生过程，不同的地球物理场和地球化学场参量均有一定程度的异常信息出现，反映了各个参量对反映地下介质物理和化学性质变化的敏感度和探测的必要性，但同时也需要注意到，尽管目前探测手段已经相对丰富，但仍然无法对一次地震的孕育发展过程形成全方位解析，不同参量的时空响应差异较大，真正的从震源至大气层、电离层扰动的关联性未能有效建立，耦合链路仍有缺失，未来需要考虑解决的问题主要包括：

（1）完善立体观测体系。除了卫星探测在时空分辨率方面的提高，还包括地基现有电离层探测技术的改进、反演算法的优化、多频段电磁场观测的加强以及新技术的引进、加强大气层和低电离层监测等；同一种类观测技术实现自地至空的全链条观测，使地基与空基信息具备较高可对比性；加强数据同化技术研究，充分利用不同高度的探测信息建立三维、甚至四维的层析结构，发挥数据应用效能；加强参量之间的物理内涵和关联性研究，使立体探测有相同的物理探测目标。

（2）校验圈层耦合机理。通过在地震前后及其他灾害事件中的天地一体化电磁场以及不同高度参量的同步响应，利用其时空强关联特性校验圈层耦合模型，尤其是对于同源信号的追踪和追溯。坚持理论方法和监测实践两条腿走路，互相支撑，互相约束指导的发展理念，实现理论和实践的有效统一。加强室内岩石试验及室外人工源试验等，利用试验结果验证实际观测及预期的地震信号传播耦合模型，利用可控技术进一步完善和优化圈层理论模型。

（3）优化地球物理场精细建模技术。包括电离层现报系统、电离层层析成像以及地磁场、重力场建模等，为地震监测应用分析提供精细电离层、岩石层结构，为提取不同圈层中小尺度不规则体等研究提供更加精细的背景模型。在此基础上，建立这些异常不规则体与地震的关系，获取更为可靠的与地震相关的异常信息。

（4）发展地震预测模型。利用机器学习技术挖掘多源多参量数据中的相关性，初步搭建地震立体监测体系下的地震预测模型，充分发挥多地球物理场和地球化学场的综合立体监测效能，不断完善地震预测体系中的关键环节，使多地球物理场和地球化学场探测形成真正意义上的链条联动反应，为地震前兆的产生机理和传播耦合提供反馈信息，为地震立体监测系统提供指导意见。

参考文献

白文广 2010. 温室气体 CH_4 卫星遥感监测初步研究 [D]. 中国气象科学研究院 .

陈光齐 , 武艳强 , 江在森 , 等 . 2013. GPS 资料反映的日本东北 $M_W9.0$ 地震的孕震特征 . 地球物理学报 [J], 56: 848-856.

陈梅花 , 邓志辉 , 马晓静 . 2011. 2010 年智利 $M_S8.8$ 地震前可能的潜热通量异常及其与地表温度变化的关系 . 地球物理学报 [J], 54: 1738-1744.

陈杨 . 2011. 地震红外遥感异常特征综合研究 [D]. 中国地震局地震预测研究所 .

程洁 , 柳钦火 , 李小文 . 2007. 星载高光谱红外传感器反演大气痕量气体综述 . 遥感信息 [J], 22: 90-97.

崔月菊 . 2014. 大地震前后 CO、O_3 和 CH_4 遥感地球化学异常特征 [D]. 中国地质大学（北京）.

崔月菊 , 杜建国 , 陈志 , 等 . 2011. 2010 年玉树 $M_S7.1$ 地震前后大气物理化学遥感信息 . 地球科学进展 [J], 26: 787-794.

崔月菊 , 杜建国 , 荆凤 , 等 . 2016. 2008 年汶川 $M_S8.0$ 地震前后川西含碳气体卫星高光谱特征 . 地震学报 [J], 38: 448-457.

丁鉴海 , 索玉成 , 余素荣 , 等 . 2004. 昆仑山口西 8.1 级地震前电离层与磁场短期异常对比研究 . 地震 [J], 24: 104-111.

董超华 , 李俊 , 张鹏 . 2013. 卫星高光谱红外大气遥感原理和应用 [M]// 北京：科学出版社 .

郭广猛 , 曹云刚 , 龚建明 , 等 . 2006. 使用 MODIS 和 MOPITT 卫星数据监测震前异常 . 地球科学进展 [J], 21: 695-698.

宏观 , 张文建 . 2008. 我国气象卫星及应用发展与展望 . 气象 [J], 34: 3-9.

李柳元 , 杨俊英 , 曹晋滨 , 等 . 2011. 顶部电离层电子密度和温度的统计背景及其地磁活动变化 . 地球物理学报 [J], 54: 2437-2444.

刘静 , 姜春华 , 邓迟 , 等 . 2016. 我国西南地区电离层垂测网数据应用研究 . 地震学报 [J], 38: 399-407.

刘祎 , 周晨 , 赵正予 , 等 . 2018. 基于 LAIC 电场渗透和 SAMI2 模拟的地震 - 电离层扰动现象研究 . 地震 [J], 38(1): 74-83.

刘毅 , 吕达仁 , 陈洪滨 , 等 . 2011. 卫星遥感大气 CO_2 的技术与方法进展综述 . 遥感技术与应用 [J], 26: 247-254.

刘子维 , 韦进 , 郝洪涛 , 等 . 2011. 日本 $M_S9.0$ 地震前的重力高频扰动 . 大地测量与地球动力学 [J], 31: 4-8.

潘威炎 . 2004. 长波超长波极长波传播 [M]// 成都：电子科技大学出版社 .

孙文科 . 2002. 低轨道人造卫星 (CHAMP,GRACE,GOCE) 与高精度地球重力场——卫星重力大地测量的最新发展及其对地球科学的重大影响 . 大地测量与地球动力学 [J], 001: 92-100.

孙玉涛，崔月菊，刘永梅，等 . 2014. 苏门答腊 2004、2005 年两次大地震前后 CO 和 O_3 遥感信息 . 遥感信息 [J], 29: 47-53.

王桥，历青，陈良富 . 2011. 大气环境卫星遥感技术及其应用 [M]// 北京：科学出版社 .

熊年禄，唐存琛，李行健 . 1999. 电离层物理概论 [M]// 武汉：武汉大学出版社 .

徐彤，胡艳莉，吴健，等 . 2012. 中国大陆 14 次强震前电离层异常统计分析 . 电波科学学报 [J], 027: 85-90.

杨许铂，周晨，刘静，等 . 2014. 地震电离层异常电场模拟及初步研究 . 地球物理学报 [J], 57(11): 3650-3658.

占伟，武艳强，梁洪宝，等 . 2015. GPS 观测结果反映的尼泊尔 M_W7.8 地震孕震特征 . 地球物理学报 [J], 58: 1818-1826.

张培震 . 2008. GPS 测定的 2008 年汶川 M_S 8.0 地震的同震位移场 . 中国科学：地球科学 [J], 38(10): 1195-1206.

张学民，丁鉴海，申旭辉，等 . 2009a. 汶川 8 级地震前电磁扰动与电磁立体监测体系 . 电波科学学报 [J], 24(1): 1-8.

张学民，申旭辉，欧阳新艳，等 . 2009b. 汶川 8 级地震前空间电离层 VLF 电场异常现象 . 电波科学学报 [J]，24(6): 1024-1032.

张学民，钱家栋，申旭辉，等 . 2020. 电磁卫星地震应用进展及未来发展思考 . 地震 [J], 40: 18-37.

张学民，申旭辉，刘静，等 . 2018. 多地球物理场观测的玉树地震孕育过程分析 . 遥感学报 [J], 22: 60-67.

张勇，许力生，陈运泰 . 2015. 2015 年尼泊尔 M_W7.9 地震破裂过程：快速反演与初步联合反演 . 地球物理学报 [J], 58: 1804-1811.

赵国泽，陈小斌，蔡军涛 . 2007. 电磁卫星和地震预测 . 地球物理学进展 [J], 22(3): 667-673.

张希，崔笃信，王文萍，等 . 2008. 利用 GPS 资料分析汶川地震前后川滇及其邻区水平运动及应变积累 . 地震研究 [J], 31: 464-470.

赵庶凡 . 2015. 地面 VLF 辐射渗透进电离层和磁层传播研究及其应用 [D]. 武汉：武汉大学 .

赵庶凡，廖力，张学民 . 2017. 地面 VLF 波穿透电离层的能量衰减变化 . 地球物理学报 [J], 60(8): 3004-3014.

赵庶凡，廖力，张学民，等 . 2016. 地面甚低频辐射渗透进电离层的数值模拟分析 . 电波科学学报 [J], 31(5): 870-878.

郑乐平 . 1998. 温室气体 CO_2 的另一源——地球内部 . 环境科学研究 [J], 11: 22-24.

郑玉权 . 2011. 温室气体遥感探测仪器发展现状 . 中国光学 [J], 4(6): 546-561.

祝意青 , 徐云马 , 吕弋培 , 等 . 2009. 龙门山断裂带重力变化与汶川 8.0 级地震关系研究 . 地球物理学报 [J], 52: 2538-2546.

邹正波 , 罗志才 , 吴海波 , 等 . 2012. 日本 M_w9.0 地震前 GRACE 卫星重力变化 . 测绘学报 [J], 41: 171-176.

邹正波 , 李辉 , 吴云龙 , 等 . 2015. 尼泊尔 M8.1 地震震前卫星重力场时变特征 . 大地测量与地球动力学 [J], 35: 547-551.

Abel B., Thorne R. M. 1998a. Electron scattering loss in Earth's inner magnetosphere: 1. Dominant physical processes. Journal of Geophysical Research: Space Physics [J], 103: 2385-2396.

Abel B., Thorne R. M. 1998b. Electron scattering loss in Earth's inner magnetosphere: 2. Sensitivity to model parameters. Journal of Geophysical Research: Space Physics [J], 103: 2397-2407.

Akhoondzadeh M., Parrot M., Saradjian M. R. 2010. Electron and ion density variations before strong earthquakes (M>6.0) using DEMETER and GPS data. Nat. Hazards Earth Syst. Sci. [J], 10: 7-18.

Amani A., Mansor S., Pradhan B., et al. 2014. Coupling effect of ozone column and atmospheric infrared sounder data reveal evidence of earthquake precursor phenomena of Bam earthquake, Iran. Arabian Journal of Geosciences [J], 7: 1517-1527.

Barkley M. P., Friess U., Monks P. S. 2006. Measuring atmospheric CO_2 from space using full spectral initiation (FSI) WFM-DOAS. Atmospheric Chemistry and Physics Discussions [J], 6: 3517-3534.

Beil A., Daum R., Harig R., et al. 1998. Remote sensing of atmospheric pollution by passive FTIR spectrometry [C]//:in Spectroscopic Atmospheric Environmental Monitoring Techniques, Klaus Schafer, Herausgeber, Proceedings of SPIE, 3493: 32-43.

Berthelier J. J., Godefroy M., Leblanc F., et al. 2006. ICE, the electric field experiment on DEMETER. Planetary and Space Science [J], 54: 456-471.

Bonfanti P., Genzano N., Heinicke J., et al. 2012. Evidence of CO_2-gas emission variations in the central Apennines (Italy) during the L'Aquila seismic sequence (March-April 2009). Bollettino Di Geofisica Teorica Ed Applicata [J], 53: 147-168.

Biagi P. F., Castellana L., Maggipinto T., et al. 2008. Disturbances in a VLF radio signal prior the M=4.7 offshore Anzio (central Italy) earthquake on 22 August 2005. Nat. Hazards Earth Syst. Sci. [J], 8: 1041-1048.

Biagi P. F., Castellana L., Maggipinto T., et al. 2009. A pre seismic radio anomaly revealed in the area where the Abruzzo earthquake (M=6.3) occurred on 6 April 2009. Nat. Hazards Earth Syst. Sci. [J], 9: 1551-1556.

Bortnik J., Inan U. S., Bell T. F. 2006a. Temporal signatures of radiation belt electron precipitation induced by lightning-generated MR whistler waves: 1. Methodology. Journal of Geophysical Research: Space Physics

[J], 111, A02204.

Bortnik J., Inan U. S., Bell T. F. 2006b. Temporal signatures of radiation belt electron precipitation induced by lightning-generated MR whistler waves: 2. Global signatures. Journal of Geophysical Research: Space Physics [J], 111, A02205.

Buchwitz M., Beek R. D., Nol S., et al. 2005. Carbon monoxide, methane and carbon dioxide columns retrieved from SCIAMACHY by WFM-DOAS: year 2003 initial data set. Atmospheric Chemistry and Physics [J], 5: 3313-3329.

Carvalho A. R., Carvalho J. C., Shiguemori E. H. et al. Neural network based models for the retrieval of methane concentration vertical profiles from remote sensing data[C]//Anais XIII Simpósio Brasileiro de Sensoriamento Remoto.2007.

Chahine M., Barnet C., Olsen E. T., et al. 2005. On the determination of atmospheric minor gases by the method of vanishing partial derivatives with application to CO_2. Geophysical Research Letters [J], 32, L22803.

Charabarti S. K., Saha M., Khan R., et al. 2005. Possible detection of ionospheric disturbances during the Sumatra-Andaman islands earthquakes of December, 2004. Indian J. Radio and Space Physics [J], 34: 314-318.

Chen S., Liu M., Xing L. et al. 2016. Gravity increase before the 2015 M_W 7.8 Nepal earthquake. Geophys. Res. Lett. [J], 43: 111-117.

Clarisse L., R'Honi Y., Hurtmans P-F. C. D., et al. 2011. Thermal infrared nadir observations of 24 atmospheric gases. Geophysical Research Letters [J], 38, L10802.

Crutzen P. J. 1974. Photochemical reactions initiated by and influencing ozone in unpolluted tropospheric air. Tellus [J], 26.

Cui Y., Du J., Zhang D., et al. 2013. Anomalies of total column CO and O_3 associated with great earthquakes in recent years. Natural Hazards and Earth System Sciences [J], 13: 2513-2519.

De Santis A., Cianchini G., Favali P., et al. 2011. The Gutenberg-Richter Law and Entropy of Earthquakes: Two Case Studies in Central Italy. Bulletin of the Seismological Society of America [J], 101: 1386-1395.

Dentener F., Kinne S., Bond T., et al. 2006. Emissions of primary aerosol and precursor gases in the years 2000 and 1750 prescribed data-sets for AeroCom. Atmos. Chem. Phys. [J], 6: 4321-4344.

Dey S., Sarkar S., Singh R. P. 2004. Anomalous changes in column water vapor after Gujarat earthquake. Advances in Space Research [J], 33(3): 274-278.

Eftaxias K., Balasis G., Contoyiannis Y., et al. 2010. Unfolding the procedure of characterizing recorded ultra low frequency, kHz and MHz electromagnetic anomalies prior to the L'Aquila earthquake as pre-seismic ones - Part 2. Nat. Hazards Earth Syst. Sci. [J], 10: 275-294.

Etersen A. K., Warneke T., Frakenberg C., et al. 2010. First ground-based FTIR observations of methane in the inner tropics over several years. Atmospheric Chemistry and Physics [J], 10: 7231-7239.

Fejer B. G., Scherliess L., Paula E. R. D. 1999. Effects of the vertical plasma drift velocity on the generation and evolution of equatorial spread F. Journal of Geophysical Research: Space Physics [J], 104: 19859-19869.

Frankenberg C., Platt U., Wagner T. 2005. Iterative maximum a posteriori (IMAP)-DOAS for retrieval of strongly absorbing trace gases: Model studies for CH_4 and CO_2 retrieval from near infrared spectra of SCIAMACHY onboard ENVISAT. Atmospheric Chemistry and Physics [J], 5: 9-22.

Freund F. T., Kulahci I. G., Cyr G., et al. 2009. Air ionization at rock surfaces and pre-earthquake signals. Journal of Atmospheric and Solar-Terrestrial Physics [J], 71: 1824-1834.

Freund F. 2011. Pre-earthquake signals: Underlying physical processes. Journal of Asian Earth Sciences [J], 41: 383-400.

Ganguly N. D. 2009. Variation in atmospheric ozone concentration following strong earthquakes. International Journal of Remote Sensing [J], 30: 349-356.

Genzano N., Aliano C., Corrado R., et al. 2009. RST analysis of MSG-SEVIRI TIR radiances at the time of the Abruzzo 6 April 2009 earthquake. Nat. Hazards Earth Syst. Sci. [J], 9: 2073-2084.

Gregori G. P., Poscolieri M., Paparo G., et al. 2010. "Storms of crustal stress" and AE earthquake precursors. Nat. Hazards Earth Syst. Sci. [J], 10: 319-337.

Hayakawa M., Molchanov O. A. 2004. Summary report of NASDA's earthquake remote sensing frontier project. Physics and Chemistry of the Earth Parts A/b/c [J], 29: 617-625.

Hayakawa M. 2007. VLF/LF Radio Sounding of Ionospheric Perturbations Associated with Earthquakes. Sensors [J], 7: 1141-1158.

He L., Wu L., Pulinets S., et al. 2012. A nonlinear background removal method for seismo-ionospheric anomaly analysis under a complex solar activity scenario: A case study of the $M9.0$ Tohoku earthquake. Advances in Space Research [J], 50: 211-220.

Horie T., Maekawa S., Yamauchi T., et al. 2007. A possible effect of ionospheric perturbations associated with the Sumatra earthquake, as revealed from subionospheric very-low-frequency (VLF) propagation (NWC-Japan). International Journal of Remote Sensing [J], 28: 3133-3139.

Huba J. D., Joyce G., Fedder J. A. 2000. Sami2 is Another Model of the Ionosphere (SAMI2): A new low-latitude ionosphere model. Journal of Geophysical Research: Space Physics [J], 105: 23035-23053.

Inan U. S., Chang H. C., Helliwell R. A. 1984. Electron precipitation zones around major ground-based VLF signal sources. Journal of Geophysical Research: Space Physics [J], 89(A5): 2891-2906.

Janson R., Rosman K., Karlsson A., et al. 2001. Biogenic emissions and gaseous precursors to forest aerosols.

Tellus B [J], 53(4): 423-440.

Kalney. 1996. The NCEP/NCAR 40-year reanalysis project. Bulletin of the American Meteorological Society [J], 74: 789-799.

Kaplan, Lewis D. 1959. Inference of Atmospheric Structure from Remote Radiation Measurements. Journal of the Optical Society of America [J]. 49(10): 1004-1007.

Kasimov N. S., Kovin M. I., Proskuryakov Y. V., et al. 1978. Geochemistry of the soils of fault zones (exemplified by Kazakhstan). Soviet Soil Science [J], 10: 397-406.

Kelly M. The Earth's Ionosphere: Plasma Physics and Electrodynamics, Second Edition [M]. Academic Press (Elsevier), San Diego, CA USA, 2009

King J. The Radiative Heat Transfer of Planet Earth[C]//: Scientific Use of Earth Satellites: Second Revised Edition. Edited by James A. Van Allen. Published by the University of Michigan Press, Ann Arbor, Michigan USA,1958.

Kobyashi H., Shimota A., Kondo K. et al., 1999. Development and evaluation of the interferometric monitor for greenhouse gases: a high-throughput fourier-transform infrared radiometer for nadir earth observation. Applied Optics [J], 38(33): 6801-6807.

Krotkov N. A., Carn S. A., Krueger A. J., et al. 2006. Band residual difference algorithm for retrieval of SO_2 from the aura Ozone Monitoring Instrument (OMI). IEEE Transactions on Geoscience and Remote Sensing [J], 44: 1259-1266.

Le H., Liu J. Y., Liu L. 2011. A statistical analysis of ionospheric anomalies before 736 M6.0+ earthquakes during 2002–2010. Journal of Geophysical Research: Space Physics [J], 116, A02303.

Lebreton J. P., Stverak S., Travnicek P., et al. 2006. The ISL Langmuir probe experiment processing onboard DEMETER: Scientific objectives, description and first results. Planetary and Space Science [J], 54: 472-486.

Lehtinen N. G., Inan U. S. 2008. Radiation of ELF/VLF waves by harmonically varying currents into a stratified ionosphere with application to radiation by a modulated electrojet. Journal of Geophysical Research: Space Physics [J], 113, A06301.

Li M., Parrot M. 2013. Statistical analysis of an ionospheric parameter as a base for earthquake prediction. Journal of Geophysical Research: Space Physics [J], 118: 3731-3739.

Lisi M., Filizzola C., Genzano N., et al. 2010. A study on the Abruzzo 6 April 2009 earthquake by applying the RST approach to 15 years of AVHRR TIR observations. Nat. Hazards Earth Syst. Sci. [J], 10: 395-406.

Liu J., Huang J., Zhang X. 2014. Ionospheric perturbations in plasma parameters before global strong earthquakes. Advances in Space Research [J], 53(5): 776-787.

Liu J. Y., Chen Y. I., Chuo Y. J., et al. 2001. Variations of ionospheric total electron content during the Chi-

Chi Earthquake. Geophys. Res. Lett [J], 28: 1383-1386.

Liu J Y, Chen Y. I., Chuo Y. J., et al. 2006. A statistical investigation of preearthquake ionospheric anomaly. Journal of Geophysical Research Space Physics [J], 111, A05304.

Liu Y., Cai B., Ban X., et al. 2013. Research Progress of Retrieving Atmosphere Humidity Profiles from AIRS Data. Advance in Earth Sciences [J], 28: 890-896.

Marcos M., Matthias R., Onno O. 2010. 2010 Maule earthquake slip correlates with pre-seismic locking of Andean subduction zone. Nature [J], 467: 198-202.

Molchanov O. A., Hayakawa M., Miyaki K. 2001. VLF/LF sounding of the lower ionosphere to study the role of atmospheric oscillations in the lithosphere-ionosphere coupling. Advances in Upper Atmosphere Research [J], 15: 146-158.

Molchanov O. A., Hayakawa M., Oudoh T., et al. 1998. Precursory effects in the subionospheric VLF signals for the Kobe earthquake. Physics of the Earth and Planetary Interiors [J], 105: 239-248.

Molchanov O, Rozhnoi A., Solovieva M., et al. 2006. Global diagnostics of the ionospheric perturbations related to the seismic activity using the VLF radio signals collected on the DEMETER satellite. Natural Hazards and Earth System Sciences [J], 6: 745-753.

Olsen E. T., Chahine M. T., Chen L. L., et al. 2008. Retrieval of mid-tropospheric CO_2 directly from AIRS measurements. Proceedings of SPIE - The International Society for Optical Engineering [C], 6966: 696613.

Papadopoulos G. A., Charalampakis M., Fokaefs A. et al. 2010. Strong foreshock signal preceding the L'Aquila (Italy) earthquake (M_w= 6.3) of 6 April 2009. Nat. Hazards Earth Syst. Sci. [J], 10: 19-24.

Parrot M. 2012. Statistical analysis of automatically detected ion density variations recorded by DEMETER and their relation to seismic activity. Annals of Geophysics [J], 55: 149-155.

Parrot M., Benoist D., Berthelier J. J., et al. 2006. The magnetic field experiment IMSC and its data processing onboard DEMETER: Scientific objectives, description and first results. Planetary and Space Science [J], 54: 441-455.

Pergola N., Aliano C., Coviello I., et al. 2010. Using RST approach and EOS-MODIS radiances for monitoring seismically active regions: a study on the 6 April 2009 Abruzzo earthquake. Nat. Hazards Earth Syst. Sci. [J], 10: 239-249.

Persky M. J. 1995. A review of spaceborne infrared Fourier-transform spectrometers for remote-sensing. Review of Scientific Instruments [J], 66: 4763-4797.

Piroddi L., Ranieri G. 2012. Night Thermal Gradient: A New Potential Tool for Earthquake Precursors Studies. An Application to the Seismic Area of L'Aquila (Central Italy). IEEE Journal of Selected Topics in Applied Earth Observations and Remote Sensing [J], 5: 307-312.

Plastino W., Povinec P. P., De Luca G., et al. 2010. Uranium groundwater anomalies and L'Aquila earthquake,

6th April 2009 (Italy). Journal of Environmental Radioactivity [J], 101: 45-50.

Platt U., Perner D., Patz H. W. 1979. Simultaneous measurement of atmospheric CH_2O, O_3, and NO_2 by differential optical absorption. Journal of Geophysical Research: Oceans [J], 84(C10): 6329-6335.

Platt U., Perner D. 1980. Direct measurements of atmospheric CH_2O, HNO_2, O_3, NO_2, and SO_2 by differential optical absorption in the near UV. Journal of Geophysical Research: Oceans [J], 85(C12): 7453-7458.

Prattes G., Schwingenschuh K., Eichelberger H. U. 2011. Ultra Low Frequency (ULF) European multi station magnetic field analysis before and during the 2009 earthquake at L'Aquila regarding regional geotechnical information. Natural Hazards and Earth System Science [J], 11: 1959-1968.

Pschnesing O., Buchwitz M., Burrows J. P., et al. 2008. Three years of greenhouse gas column-averaged dry air mole fractions retrieved from satellite - Part 1: Carbon dioxide. Atmospheric Chemistry and Physics [J], 8: 3827-3853.

Pulinets S. A., Boyarchuk K. A., Hegai V. V., et al. 2000. Quasielectrostatic model of atmosphere-thermosphere-ionosphere coupling. Advances in Space Research [J], 26: 1209-1218.

Pulinets S. A., Legen'Ka A. D., Gaivoronskaya T. V., et al. 2003. Main phenomenological features of ionospheric precursors of strong earthquakes. Journal of Atmospheric and Solar-Terrestrial Physics [J], 65: 1337-1347.

Pulinets S., Ouzounov D. 2011. Lithosphere–Atmosphere–Ionosphere Coupling (LAIC) model – An unified concept for earthquake precursors validation. Journal of Asian Earth Sciences [J], 41: 371-382.

Quattrocchi F., Galli G., Gasparini A., et al. 2011. Very slightly anomalous leakage of CO_2, CH_4 and radon along the main activated faults of the strong L'Aquila earthquake (Magnitude 6.3, Italy). Implications for risk assessment monitoring tools and public acceptance of CO_2 and CH_4 underground storage. Energy Procedia [J], 4: 4067-4075.

Rickard A. R., Wyche K., Metzger A., et al. 2010. Gas phase precursors to anthropogenic secondary organic aerosol: Using the Master Chemical Mechanism to probe detailed observations of 1,3,5-trimethylbenzene photo-oxidation. Atmospheric Environment [J], 44: 5423-5433.

Rozhnoi A., Solovieva M., Molchanov O., et al. 2009. Anomalies in VLF radio signals prior the Abruzzo earthquake (M=6.3) on 6 April 2009. Nat. Hazards Earth Syst. Sci. [J], 9: 1727-1732.

Schoeberl M. R., Ziemke J. R., Bojkov B., et al. 2007. A trajectory-based estimate of the tropospheric ozone column using the residual method. Journal of Geophysical Research: Atmospheres [J], 112, D24S49.

Schneising O., Buchwitz M., Burrows J. P., et al. 2009. Three years of greenhouse gas column-averaged dry air mole fractions retrieved from satellite - Part 2: Methane. Atmospheric Chemistry and Physics [J], 9: 443-465.

Singh R. P., Cervone G., Singh V. P., et al. 2007. Generic precursors to coastal earthquakes: Inferences from

Denali fault earthquake. Tectonophysics [J], 431: 231-240.

Singh R. P., Kumar J. S., Zlotnicki J., et al. 2010a. Satellite detection of carbon monoxide emission prior to the Gujarat earthquake of 26 January 2001. Applied Geochemistry [J], 52(4): 580-585.

Singh R. P., Mehdi W., Gautam R., et al. 2010b. Precursory signals using satellite and ground data associated with the Wenchuan Earthquake of 12 May 2008. International Journal of Remote Sensing [J], 31(13): 3341-3354.

Smith S. R., Legler D. M., Verzone K. V. 2001. Quantifying Uncertainties in NCEP Reanalyses Using High-Quality Research Vessel Observations. Journal of Climate [J], 14: 4062-4072.

Smith W. L., Woolf H. M., Hayden C. M., et al. 1979. Tiros-N opertational vertical sounder. Bulletin of the American Meteorological Society [J], 60: 1177-1187.

Sorokin V. M., Chmyrev V. M., Yaschenko A. K. 2001. Electrodynamic model of the lower atmosphere and the ionosphere coupling. Journal of Atmospheric and Solar-Terrestrial Physics [J], 63: 1681-1691.

Sorokin V. M., Chmyrev V. M., Yaschenko A. K. 2005. Theoretical model of DC electric field formation in the ionosphere stimulated by seismic activity. Journal of Atmospheric and Solar-Terrestrial Physics [J], 67: 1259-1268.

Sorokin V. M., Yaschenko A. K., Hayakawa M. 2007. A perturbation of DC electric field caused by light ion adhesion to aerosols during the growth in seismic-related atmospheric radioactivity. Natural Hazards and Earth System Sciences [J], 7: 155-163.

Sun W., Okubo S. 2004. Coseismic deformations detectable by satellite gravity missions: A case study of Alaska (1964, 2002) and Hokkaido (2003) earthquakes in the spectral domain. Journal of Geophysical Research: Solid Earth [J], 109, B04405.

Takeda M., Maeda H. 1980. Three-dimensional structure of ionospheric currents 1. Currents caused by diurnal tidal winds. Journal of Geophysical Research: Space Physics [J], 44(8): 695-701.

Tronin A. A. 2006. Remote sensing and earthquakes: A review. Physics and Chemistry of the Earth [J], 31: 138-142.

Tsolis G. S., Xenos T. D. 2010. A qualitative study of the seismo-ionospheric precursors prior to the 6 April 2009 earthquake in L'Aquila, Italy. Nat Hazards and Earth Syst. Sci. [J], 10: 133-137.

Tsuboi S., Nakamura T. 2013. Sea surface gravity changes observed prior to March 11, 2011 Tohoku earthquake. Physics of the Earth and Planetary Interiors [J], 221: 60-65.

Turquety S., Hadji-Lazaro J., Clerbaux C., et al. 2004. Operational trace gas retrieval algorithm for the Infrared Atmospheric Sounding Interferometer. Journal of Geophysical Research: Atmospheres [J], 109, D21301.

Voltattorni N., Quattrocchi F., Gasparini A., et al. 2012. Soil gas degassing during the 2009 L'Aquila earthquake: study of the seismotectonic and fluid geochemistry relation. Italian Journal of Geosciences [J], 131: 440-447.

Yoshida M., Yamauchi T., Horie T., et al. 2008. On the generation mechanism of terminator times in subionospheric VLF/LF propagation and its possible application to seismogenic effects. Nat. Hazards Earth Syst. Sci. [J], 8: 129-134.

Yu Y., Wan W., Ning B., et al. 2013. Tidal wind mapping from observations of a meteor radar chain in December 2011. Journal of Geophysical Research: Space Physics [J], 118: 2321-2332.

Zhang X., Shen X., Miao Y. 2011. Electromagnetic Anomalies around The Wenchuan Earthquake and Their Relationship with Earthquake Preparation. International Journal of Geophysics [J], 2011, 904132.

Zhang X., Shen X., Liu J., et al. 2009. Analysis of ionospheric plasma perturbations before Wenchuan earthquake. Nat. Hazards Earth Syst. Sci. [J], 9: 1259-1266.

Zhou C., Liu Y., Zhao S., et al. 2017. An electric field penetration model for seismo-ionospheric research. Advance in Space Research [J], 60: 2217-2232.